Título: Produce tu propia electricidad
Autor: Tristan Urtizberea
Ilustraciones: Antoine Bugeon
Colección: Saber hacer

Traducción: Pascual Ayet
Título original en francés: Produire son électricité
Diseño cubiertas: Fernando López

Fotografías: La mayoría de las fotos se han tomado en dos proyectos de construcción en la finca Bec Hellouin (abrigos de madera fotovoltaicos y bombeo solar), así como en Saumane (04, proyecto Tech3F).
AdobeStock: págs. 10, 26, 27, 46, 77; André-Quantin A.: págs. 95, 104, 109 arriba; Basselin N.: pág. 15. Dupuis M.: pág. 13. Hervé-Gruyer C.: págs. 7, 25 arriba, 70, 78, 80, 114, 115, 118, 121. Hervé-Gruyer F.: pags. 2-3, 20. Le Monde de Tikal: págs. 94, 103. LeViet: pág. 117 arriba. Low-tech Lab, Delaplace F. : págs. 45, 109 abajo. Pikip.: pág. 117 abajo. Richart R. : págs. 41, 60, 74, 113. Tech3F.: pág. 116. Vergoz T. : págs. 116, 25 abajo, 53, 62, 89 abajo, 90 abajo, 126.

La Fertilidad de la Tierra Ediciones
C/ Santa María 115. 31272 Artaza (Navarra)
Tel. 948 539216
info@lafertilidaddelatierra.com
www.lafertilidaddelatierra.com

D.L. : NA 384-2025
ISBN: 978-84-125875-9-3

Impresión: GraphyCems. Villatuerta (Navarra)

Tristan Urtizberea

Produce tu propia electricidad

Autoconstruye
tu instalación fotovoltaica

Advertencia

Hacer por uno mismo nuestra propia instalación fotovoltaica requiere trabajar con electricidad y utilizar herramientas y equipos que pueden resultar peligrosos. Tanto la corriente alterna como la continua pueden resultar fatales. Invitamos a quienes nos lean a usar el sentido común, respetar las normas de seguridad y tomarse el tiempo necesario para formarse adecuadamente. No dudéis en recurrir a electricistas profesionales cuando haga falta. El autor y el editor declinan toda responsabilidad en caso de accidente.

Sumario

1

El hada de la electricidad

Electricidad: Forma de energía producida por el desplazamiento de partículas elementales de la materia que se manifiesta a través de diferentes fenómenos como la atracción y la repulsión (electricidad estática), caloríficos, químicos, luminosos, magnéticos, mecánicos (electricidad dinámica).

Definición del CNRTL*

* Centre national de ressources textuelles et lexicales

¿Puede haber un gesto más anodino que el de pulsar el interruptor de la luz por la mañana? Nuestra primera acción del día consiste, simple y llanamente, en cerrar un circuito eléctrico que permita la circulación de los electrones para generar un flujo de luz, que impactará de golpe en nuestros ojos aún adormecidos, y al que respondemos con un gruñido incomprensible... Sin darnos cuenta, ¡todos empezamos la mañana con una acción de electricista!

Cada día comienza con una alocada carrera de electrones

Listos para ayudarnos, esperan pacientemente tras cada interruptor, y apenas hemos pulsado el botón de la cafetera cuando ya están atravesando el aparato para proveerlo de la energía necesaria y preparar nuestra taza matinal.

Me gusta imaginar a los electrones como pequeños personajes que viven en los cables eléctricos, millones de pequeños seres mágicos de los tiempos modernos, cuyo único objetivo es servirnos entregándose a su gran pasión: correr por los cables y las máquinas.

Y tienen campo para hacerlo a placer: luces, ordenador, calentador, lavavajillas, lavadora, *smartphone*, calefacción... Nuestras necesidades se van acumulando a lo largo de todo el día y lo cierto es que no tienen tiempo de aburrirse.

REMONTAR A LA FUENTE

Pero no vayamos tan deprisa: el día acaba de comenzar y a nuestros ojos aún les cuesta mantenerse abiertos... Por qué no dejamos volar nuestra imaginación durante unos instantes y aprovechamos para seguir a estas minúsculas partículas en su carrera matinal... ¿Dónde estaban antes de llegar detrás de nuestro interruptor?

No resulta sencillo responder a esta pregunta cuando se vive en una ciudad. La red eléctrica es un reflejo del territorio: vasta y de una complejidad increíble, desbordando incluso las fronteras del país.

En España los electrones provienen, de media, en un 20 % de centrales nucleares, 12 % de presas hidroeléctricas, 40 % de energías renovables y el resto de energías fósiles, principalmente gas. [1]

Pero también encontramos lugares en los que la ecuación puede resultar mucho más simple... Eso es lo que descubrí mientras crecía en mi pequeña isla natal, Saint-Pierre y Miquelon, un enclave francés frente a las costas de Canadá.

Allí, una sola central térmica basta para alimentar la pequeña red eléctrica y a los 6.000 habitantes de *Saint-Pierre*. Vivir tan cerca de la fuente de producción eléctrica es algo poco habitual en los países occidentales, pero eso hace que la cuestión se vuelva más concreta y comprensible.

Cuando emprendía en *Saint-Pierre* este viaje matinal imaginario, me enfrasqué en la persecución de los electrones por los cables eléctricos de mi casa, siguiéndolos luego a lo largo de algunos kilómetros de cables que, rápidamente, me llevaron al final: la central eléctrica y sus imponentes chimeneas de las que emanaba un humo bien visible desde mi ventana.

El viaje era muy corto y me dejaba un regusto de insatisfacción, deteniéndose a tan solo unos kilómetros de mi casa.

Deseoso de llevar mi aventura un poco más lejos, decidí interesarme por la historia de esos electrones... antes de su creación. En una isla resulta fácil, el barco cisterna que viene para aprovisionar de fuel a la central eléctrica es muy visible en el puerto. Es difícil ignorarlo cuando se pasa junto a los gigantescos tanques cargados con el preciado líquido. Así que podía soñar que navegaba con el buque cisterna hasta su puerto de partida, probablemente brasileño o africano, a no ser que acabase aterrizando en ¿Oriente Medio?

Nuestro gesto matinal, ¿todavía resulta tan anodino? En cualquier caso implica más de lo que parece, y puede trasladarnos, ya de buena mañana, ¡a miles de kilómetros de nuestra casa!

Islas de Saint-Pierre y Miquelon, enclavadas en medio del Atlántico y sin embargo iluminadas por la noche gracias a la magia de la electricidad...¡ y el petróleo!

¿De dónde vienen mis electrones?

No importa dónde viváis, probad a haceros esta pregunta la próxima vez que le deis al interruptor.

Puede que conozcáis la existencia de alguna central cercana a vuestra casa y si, como yo, os ponéis a imaginar que estáis viajando con electrones y moléculas, vuestro periplo os llevará, con toda probabilidad, a atravesar continentes hasta una mina de uranio en el sur de Kazakstán, o tal vez a un gran puerto africano por el que transitan los combustibles fósiles y nucleares. A no ser que viváis cerca de una gran central hidroeléctrica.

Averiguar de dónde proviene nuestra electricidad es, a mi entender, un ejercicio extremadamente gratificante: es un primer paso hacia un mayor conocimiento y consciencia sobre nuestro modo de vida. Este conocimiento solía resultar evidente hace un siglo, pero se ha ido volviendo cada vez más difuso conforme los sistemas energéticos y eléctrico han ido ganando en intensidad y complejidad. Alejada de las imágenes de extracción de las materias primas, de los camiones cisterna, de las minas y de las fábricas, la imagen del « hada de la electricidad » expresa perfectamente esta cálida presencia, omnipresente y mágica, que se ha instalado en el imaginario colectivo.

CONVERTIRSE EN PEQUEÑO PRODUCTOR

Imaginemos ahora la siguiente etapa, pensemos en que además de saber de dónde viene nuestra energía ¡nos convertimos en productores! Imaginad que cada mañana, al pulsar el interruptor, vuestros electrones no recorren más que unos pocos metros desde vuestros paneles solares.

Del mismo modo que nuestro huerto puede proveernos total o parcialmente de las calorías alimenticias que necesitamos, ¿por qué no cultivar nuestro « huerto » energético?

Pequeña eólica, solar fotovoltaica, térmica solar, leña para calefacción...
En conjunto, y bien combinadas, pueden aportarnos la energía y el confort que necesitamos.

Si ya habéis experimentado el placer de consumir vuestras propias hortalizas, os garantizo que encontraréis esa misma sensación al encender la luz cada mañana.

Hacernos productores de nuestra propia energía es formar parte de una reflexión global sobre nuestro modelo de consumo y nuestras necesidades, pero sobre todo es tomar consciencia de nuestra huella ecológica y de los límites de los recursos.

Instalar nuestros propios paneles fotovoltaicos también conlleva el placer de avanzar por uno mismo, de trabajar con los demás, de ayudar, de aprender, de compartir, de ensayar, de equivocarse, ¡de volver a probar!

En resumen, es una forma de reconectarse con la Naturaleza y sus ciclos. Desde que mi compañera Sonia y yo instalamos nuestro solitario y único panel solar sobre nuestra furgoneta, hemos vuelto a aprender a vivir al ritmo del sol y de las estaciones: en invierno el frigorífico se puede apagar para consumir menos; durante el día, se pueden cargar los ordenadores, y los teléfonos a mediodía, cuando más producen los paneles solares... Lentamente vamos recuperando la consciencia del tiempo natural y nos vamos adaptando a él.

No nos engañemos, a veces nos quedamos sin energía, ¡eso también sucede! Pero conociendo nuestra instalación, nuestro medio y nuestras necesidades, podemos entender rápidamente el por qué y hacer evolucionar nuestro sistema, o nuestro consumo, para que no vuelva a pasar.

Y además, a veces también es una ocasión para desconectar, sacar un juego de mesa, leer un libro, hacer música o pasear... nada de esto necesita electrones.

Nuestro panel solar nos provee de suficiente electricidad
para vivir todo el año en nuestra furgoneta camperizada.

2

Renovables
a escala humana

*El problema de nuestros días no es la energía
atómica, sino el corazón de las personas.*

Albert Einstein

Las energías renovables, y en especial la solar fotovoltaica, se han puesto de actualidad. Promovida habitualmente en aras de la « transición energética », sus ventajas siguen siendo motivo de controversia. Desgraciadamente, lo mismo que muchos otros temas de actualidad, las discusiones se resumen con demasiada frecuencia a dos posiciones radicales y antagónicas: los pro... y los anti. Pero, como en todo, las cosas no son en blanco o negro.

El debate que rodea habitualmente a la eólica es un buen ejemplo de ello. El diálogo de sordos que enfrenta a los « pro-eólica » con los « anti » me evoca la siguiente metáfora: imaginad que estáis en un restaurante y que os sirven una vieja suela gastada para la que os proponen bien un poco de ketchup, bien un poco de mayonesa. Inmediatamente se erigen dos bandos, cada uno con sus argumentos y eslóganes: los « pro-mayonesa » se jactarán de los méritos de esta por poner en valor la producción nacional de huevos mientras que los tomates vienen de Marruecos, los « pro-ketchup » (y por tanto « anti-mayonesa ») responderán que la cría intensiva de gallinas es especialmente perjudicial para el medioambiente... Podemos imaginar los platós de televisión reuniendo a los oradores más mordaces de cada campo, los rojos y los amarillos, enfrentándose a golpe de frases ocurrentes y recursos dialécticos bien ensayados...

La realidad de la producción energética para 8 mil millones de personas es tan compleja que merece ser abordada con prudencia y ponderación.

17

No existe ni existirá nunca « la energía limpia » o « verde », ¡excepto la que no consumamos!

Quién sabe, puede que se forme un tercer bando, el de la « salsa de cóctel »: ketchup sí, pero mayonesa también. Seguramente los comentaristas verán en ellos un punto de vista moderno, innovador y de consenso, que podría poner punto y final a este debate social por todo lo alto... Y mientras tanto, solo una pequeña minoría se sorprenderá por tener que tragarse una ¡vieja y usada suela!

Así pues, la cuestión no está en la técnica (eólica, solar...), sino en lo que hay detrás de esta, es decir, al servicio de qué modelo de sociedad las queremos poner.

¿Queremos seguir disponiendo de todo y en cantidad, incluso a costa de la calidad y de tener que tirar la mitad, siempre y cuando el grifo siga abierto? O, ¿preferimos la calidad, la proximidad, la preservación de la biodiversidad, las relaciones sociales... aun a costa de mucha menor cantidad?

Las técnicas (producción de energía, agricultura, transportes...) se pueden adaptar a cualquier modelo... en sí mismas no son ni « buenas » ni « malas », sino que están a nuestro servicio con un impacto más o menos grande. A nosotros, la Humanidad, nos corresponde decidir cómo hacer el mejor uso de ellas.

Aceptemos que las renovables son necesarias, ya que todas las fuentes de energía almacenadas bajo tierra, incluida la nuclear, están condenadas a desaparecer a lo largo de este siglo[2].

Aceptemos igualmente que, como toda actividad humana, la producción de energía, sea cual sea su fuente, tiene un impacto y comporta la emisión de gases de efecto invernadero, por la extracción de las materias primas que requiere su fabricación y transporte, y por los residuos que se generan a lo largo de todo el proceso.

UNA CUESTIÓN DE ESCALA...

De momento seguiremos adelante con nuestra carrera, perpetuando un modelo de elevado consumo eléctrico, de despilfarro energético, de aumento de las emisiones y de la destrucción de la biodiversidad, y basado en centrales fotovoltaicas « verdes » de centenares de hectáreas o en parques eólicos inmensos, generalmente construidos sobre terrenos naturales o agrícolas.

Por supuesto, tendremos muy buenas razones para oponernos a este tipo de proyectos, incluso si se etiquetan como « de transición energética ». Pero recordemos que no se trata de energía fotovoltaica o eólica, sino de la forma en que se implementan y, en particular, de la escala industrial que impone nuestro modelo social.

Si, a la inversa, quiero reducir mi consumo energético, convertirme en un actor de mi producción a escala local, relocalizar el saber hacer, compartir, enseñar, proteger la biodiversidad que me rodea o incluso trabajar con herramientas *low-tech y open source*... En resumen, sustraerme al gigantismo para construir una « sociedad a escala humana[3] », que tome en consideración de forma natural los límites del planeta, entonces la fotovoltaica, o cualquier otra solución técnica, podrán resultar buenos aliados en la reducción de nuestra huella de carbono.

... Y SOBRIEDAD

Sin embargo es cierto que puede parecer una locura tratar de producir nuestra propia electricidad cuando la tenemos fácilmente disponible en la red eléctrica nacional. Y es igualmente cierto que los operadores y el Estado siguen desempeñando muy bien el papel que se les ha confiado, proporcionándonos electricidad abundante y barata.

Abundancia que nos está empujando a un estado de « embriaguez energética », como dice Barbara Nicoloso en su obra *Petit traité de sobriété énergétique*[4], que nos impide reducir eficazmente nuestras emisiones de gases de efecto invernadero, algo absolutamente imperativo si queremos minimizar los daños del drama climático y humano que, según todos los pronósticos, no dejará de crecer a lo largo de todo el siglo XXI.

Inventando nuevos modos de concebir la producción de electricidad, más autónomos, menos centralizados, y a la vez menos dependientes del todopoderoso y militarizado Estado, construimos un nuevo relato más acorde con el siglo XXI y sus condicionantes.

De todos modos, hay que señalar que la electricidad no es más que uno de los múltiples parámetros a tener en cuenta en nuestro cambio del modo de vida. Y aunque el debate sobre la energía se suele reducir con demasiada frecuencia a la producción de electricidad, en Europa, esta representa un 25% de las emisiones, detrás del transporte (26%) y antes de la industria (11%) y de la agricultura (10,5%). [5]

10 buenas razones para instalar nuestros paneles solares

No veo por qué debería ocuparme de las generaciones futuras: ¿qué han hecho ellas por mí?

Groucho Marx

Así que ahí van las que, en mi opinión, son 10 buenas razones para adoptar la energía fotovoltaica.

SIMPLE Y RÁPIDA DE INSTALAR

Contrariamente a lo que pudiéramos creer, las instalaciones solares fotovoltaicas son extremadamente sencillas de realizar, y se ajustan a las mil maravillas al *Do It Yourself* (DIY).

Después de 7 años trabajando en una oficina tenía muchas dudas sobre mis capacidades para abordar mi primera pequeña instalación autónoma. Me di cuenta de que a pesar de mis conocimientos « teóricos » en este campo, jamás me había puesto manos a la obra y que conocía mucho menos de electricidad que mi abuelo, que era un poco manitas.

Esta aprensión se disipó rápidamente cuando me di cuenta de lo sencillo que era hacer tu propia instalación... ¡Es para todos los públicos! No se necesita ninguna experiencia en especial. Siguiendo esta guía y las instrucciones de los fabricantes, lograréis hacerlo con la misma facilidad con que se monta un kit de muebles. Para una de mis primeras instalaciones, en apenas 2 días de trabajo de un par de personas, terminamos una instalación de 6 paneles solares... Sabiendo que producirán el 40% de la electricidad de la familia durante al menos 30 años, podemos afirmar que es un resultado rápido y contundente.

EVOLUTIVA

Nuestras necesidades evolucionan a lo largo de nuestra vida (la llegada de un recién nacido, cambios en los usos y en los aparatos eléctricos...), siempre resulta fácil agregar o quitar paneles para adaptarse a las nuevas necesidades.

ES BUENO PARA EL PLANETA Y EL CLIMA

¡Siempre y cuando reduzcamos nuestro consumo!

Cuando trabajaba como ingeniero en energías renovables, me di cuenta enseguida de sus límites (¡siempre los límites!), de los mitos en torno a las renovables: no podemos descarbonizar la economía si seguimos consumiendo más cada día...

Y mientras luchaba a diario para poner en pie molinos eólicos y paneles solares, veía florecer en el metro pantallas digitales publicitarias, en nuestras muñecas relojes con conexión, en nuestras manos teléfonos que pronto tendrán el tamaño de un pequeño televisor, en las tiendas cajeros automáticos, en la calle patinetes, escúters, coches eléctricos, etc. Nuevos usos y nuevos consumos eléctricos que se van sumando uno tras otro.

Estos no son más que algunos de los ejemplos más representativos, pero ponen de manifiesto una realidad: según l'ADEME (Agencia del Medioambiente y Gestión de la Energía), en Francia, a pesar de la bajada en el uso de la calefacción eléctrica, el consumo de electricidad ha aumentado en un 40 % desde 1990[6], un fenómeno que está lejos de remitir: RTE (el gestor de la red eléctrica) prevé que « *Los cambios en los usos* [hacia lo eléctrico] *en el horizonte del 2050* »[7], *conducirán a un importante aumento del peso de la*

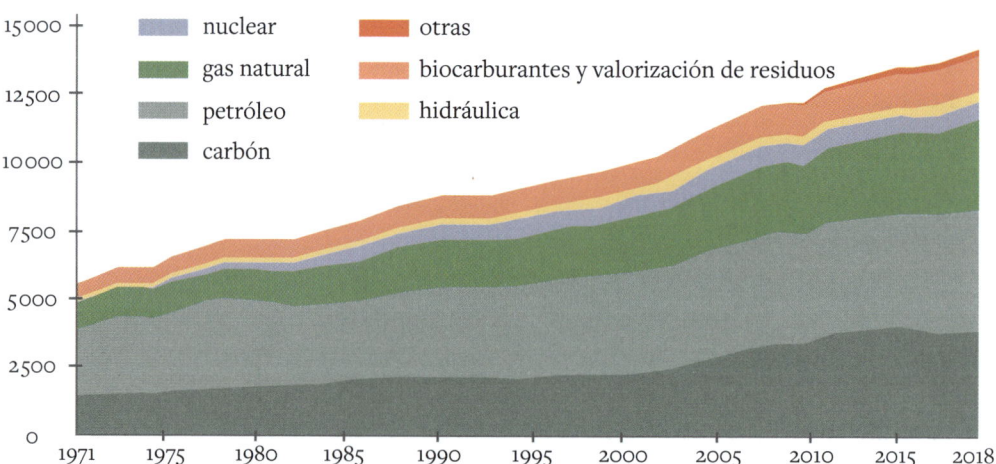

Este diagrama representa el consumo global de energía (en Mtep)[9].
Es claro que a las energías renovables (« hidráulicas » y « otras ») se suman las energías del carbono preexistentes... así que la famosa « transición energética » no existe. En realidad se ve una « acumulación de fuentes de energía » que alimentan el crecimiento del consumo global.

electricidad en el consumo de energía. Y sin embargo, ¿hay alguna manera de revertir esta tendencia? Consumiendo menos, está claro, ¿pero cómo? En un mundo donde el electrón que consumimos se ha producido a miles de kilómetros, y en el que el grifo no deja de correr ¿cómo vamos a resistirnos a los dulces vapores de la « ebriedad energética »[8] para tomar consciencia de nuestro consumo?

¿Podría ser que, volviendo a las condiciones de la « pequeña isla » y con el sistema de producción ante nuestros ojos, seamos mucho más conscientes de lo que consumimos?

Esta es a mi entender la principal virtud de la producción solar obtenida por y para los particulares: bien empleada, nos permite reducir nuestra huella ecológica sobre el planeta al hacer un menor y mejor consumo.

RECUPERAR EL CONTROL Y LA RESPONSABILIDAD

Una vez completada mi instalación ya no dependo de otros para obtener la electricidad y puedo gestionarla como me plazca.

Además, soy responsable de mi suministro energético: si consumo de más, mi reserva de energía se « vaciará » rápidamente, y si el sistema se avería, tendré que remangarme para no quedarme mucho tiempo a oscuras.

REDUCIR NUESTRO CONSUMO Y EVITAR EL DESPILFARRO

Al producir nuestra propia energía, esta se vuelve de golpe limitada, y hemos de gestionar nuestra reserva de energía como si gestionásemos una reserva de agua... un enfoque que hace doblar las campanas por la muerte del despilfarro.

¡Qué satisfacción mantener un agradable nivel de confort mientras reducimos nuestro consumo y adaptamos el uso que hacemos de la energía!

RESILIENCIA

A menudo se les reprocha a las energías renovables el ser sinónimo de retroceso, la famosa « vuelta a las velas »... Sin embargo, y como le gusta decir a mi amigo Rémi Richart, pionero de la fotovoltaica y del hogar resiliente: « si un día hay un shock, un colapso, o simplemente un fallo de producción, todos estarán a dos velas... ¡excepto nosotros! ».

ECONÓMICA

La instalación solar requiere de una cierta inversión de partida, que se puede reducir optando por materiales de ocasión.

Pero ya no tendréis más, o solo unas pocas, facturas de electricidad que pagar. Si aprovecháis para adoptar un enfoque que reduzca vuestro consumo, deberíais recuperar rápidamente la inversión.

Tener tu propia fuente de producción también te permite congelar el coste de tu electricidad, protegiéndote contra subidas de precios para las próximas décadas.

INTELECTUALMENTE ESTIMULANTE

La etapa de diseño de vuestro proyecto debería servir para despertar vuestra curiosidad. Me acuerdo de la primera vez que Sonia y yo descubrimos el vatímetro, que permite medir el consumo eléctrico de nuestros dispositivos, nos pusimos a explorar nuestro apartamento y a medir frenéticamente el consumo de cada uno de nuestros aparatos... e hicimos descubrimientos ¡apasionantes!

El diseño del proyecto también os llevará a reflexionar sobre la exposición solar, la inclinación de los paneles, el cálculo de vuestra producción, etc.

Si os asusta esta fase no os inquietéis, hay muchos simuladores en línea que lo harán por vosotros.

Estas instalaciones también pueden ser buenos pretextos para proyectos participativos.

PROPICIA EL INTERCAMBIO

La energía fotovoltaica interesa a muchas personas y estos proyectos pequeños y sencillos son ideales para suscitar el debate, el aprendizaje y la convivencialidad.

Apuesto a que en vuestro entorno, en cuanto hayáis terminado vuestra primera instalación, os van a pedir un montón de consejos y ayuda.

Siempre resulta más fácil y agradable hacer el trabajo entre varias personas, pero igualmente no hay nada que os impida completarlo en solitario.

VIVIR CON EL SOL

Al instalar paneles solares aprendemos de nuevo a vivir con nuestra estrella y a reconectar con el valioso conocimiento de nuestros ancestros. «¿La sombra del tilo ya llega al pie de mis paneles al mediodía? ¡Debemos de estar cerca del 15 de diciembre!».

Vuestro ritmo se ajustará cada vez más al del sol y las estaciones: conectaréis las máquinas durante el día y al mediodía. En pleno invierno es muy probable que se reduzca la actividad eléctrica y los juegos en familia os ayuden a sobrellevar los días más cortos.

En definitiva, se ha de admitir que reducir nuestras necesidades, aceptar nuestros límites y construir por nosotros mismos, es una elección vital que genera una gran satisfacción y felicidad.

Los pequeños proyectos solares siempre son buena ocasión para compartir.

El trabajo siempre es más fácil y agradable entre dos o más.

4

Nociones básicas de electricidad

¿Acaso la ciencia, al explicar las puestas de sol, mata su magia?

Hubert Reeves

Cuando era un niño, a menudo les preguntaba a mis padres sobre la luz, los enchufes o los rayos... Y cada explicación que recibía solo añadía una pizca de magia a un fenómeno que ya entonces me parecía maravilloso.

Cuando crecí, aquella curiosidad me animó a realizar estudios científicos, y fue en los primeros años de ingeniería cuando por fin comprendí los complejos mecanismos físicos de la electricidad... Y sin embargo, incluso después de haberme iniciado en la teoría científica, en mi mente permaneció una visión de esta disciplina que me sigue pareciendo mágica y extraordinaria.

Tengamos o no estudios científicos, la electricidad es difícil de atrapar. Tal vez porque puede resultar a la vez muy tangible «Presiono el interruptor, la luz se enciende», y completamente abstracta, incluso misteriosa, «¿qué está pasando realmente tras el interruptor? ¿Cómo se desplazan los electrones? ...».

Se trata de un concepto físico complejo que forma parte de nuestra vida cotidiana más mundana.

Pero una vez que aceptamos su parte mágica y misteriosa, la electricidad se convierte en un concepto muy simple y accesible para todos.

Así que, si alguna vez os habéis sentido intimidados por la electricidad —demasiado complicada y plagada de conceptos abstractos e incomprensibles—, no os preocupéis, aquí solo veremos algunas nociones básicas. Para lo demás, cerrad los ojos e imaginad ese ¡mundo maravilloso! en el que habitan pequeños, atléticos y peleones seres.

ELECTRONES

Los electrones están por todas partes a nuestro alrededor y los requerimos centenares de veces a lo largo del día.

Solo se desplazan por materiales llamados conductores o semiconductores, capaces de «intercambiar» electrones. Para imaginarlos pensad en una pista de patinaje muy lisa a la que los electrones se lanzan corriendo sobre su panza... deslizándose así a larga distancia.

La pista de patinaje en este caso sería un muy buen **conductor de la energía**. Es el caso del cobre, y en general de los metales, con los que se hacen los cables eléctricos.

Por el contrario, imaginad el césped de un estadio de futbol, por más que nuestros electrones se lanzaran a toda velocidad sobre su vientre, es poco probable que recorriesen siquiera un metro. Tal vez unos pocos si la hierba está mojada, pero en cualquier caso no atravesarían el estadio. En electricidad a estos materiales que no permiten la circulación de los electrones se les llama **aislantes**, siendo el caucho y el plástico los más utilizados.

TENSIÓN (U)

Para comprender mejor los conceptos que siguen, imaginad que cada electrón es una gota de agua en un río y que el río simboliza un cable eléctrico.

ANALOGÍA ENTRE VOLTAJE ELÉCTRICO Y DESNIVEL DE UN RÍO

1.

2.

1.

3.

Atención: esta analogía permite que los profanos se aproximen a los fenómenos físicos básicos de la electricidad, pero no sería adecuado llevarla demasiado lejos ni hacer extrapolaciones exageradas, pues correremos el riesgo de distorsionar la realidad científica.

En el primer caso (1), el río discurre por una llanura de poca pendiente, las gotas de agua atravesarán lentamente la distancia que las separa de la fuente a la desembocadura.

Si ahora aumentamos el desnivel y el mismo río está en la ladera de una montaña (2), las gotas de agua bajarán por la pendiente a una velocidad increíble. Esto significa que cuanto más desnivel haya entre la fuente y la desembocadura, a mayor velocidad circularán las gotas de agua.

En electricidad, **a esta diferencia de altitud se llama diferencia de potencial o tensión, y se representa con la letra U, y su unidad de medida es el Voltio (V).**

INTENSIDAD (I)

Veamos ahora el concepto de intensidad.

Retomemos nuestro primer río en la llanura, pero comparemos ahora un periodo normal (1) y un periodo de sequía (3). La diferencia de altitud es la misma y solo cambia el caudal de agua del río.

En electricidad, **a esta diferencia de caudal se la llama intensidad de corriente (I) y su unidad es el Amperio (A)**, se mide contando el número de electrones que pasan por un punto en un determinado tiempo.

En un río, si el caudal es demasiado grande se desborda de su cauce. Y lo mismo ocurre con la electricidad, si la corriente es demasiado grande el cable se quemará, de ahí la importancia de dimensionar correctamente los cables y los fusibles, como veremos más adelante.

POTENCIA (P)

Podemos imaginar la potencia de un curso de agua como la dificultad que tendría un nadador para remontar la corriente. Es fácil entender que cuanto mayor sea el caudal y/o la diferencia de altitud, más difícil será nadar a contra corriente y por tanto más potente el curso de agua.

Lo mismo pasa con la electricidad: cuanto mayor sea la intensidad y/o el voltaje, mayor será la potencia. Según esto podemos clasificar los 3 ríos anteriores del menos al más potente (3,1,2).

En electricidad, **la potencia, representada por P y medida en Vatios (W), es el producto de la intensidad por el voltaje: P = U x I.**

Habitualmente utilizamos el kilovatio (kW) como unidad, que equivale a 1000 vatios.

Tened en cuenta que en fotovoltaica la potencia de una instalación se suele indicar como **Pmax** (o Watt-peak (Wp) en inglés) y el pico de potencia de un panel se corresponde con su potencia máxima.

EJEMPLO DE UN PANEL DE 300 Wp

En el caso de recibir una insolación ideal, llegará a producir 300 Wp. Su potencia real se encontrará siempre entre los 0 y los 300 Wp, la potencia máxima teórica solo la alcanzará excepcionalmente.

ANALOGÍA ENTRE POTENCIA ELÉCTRICA Y POTENCIA DE UN CURSO DE AGUA

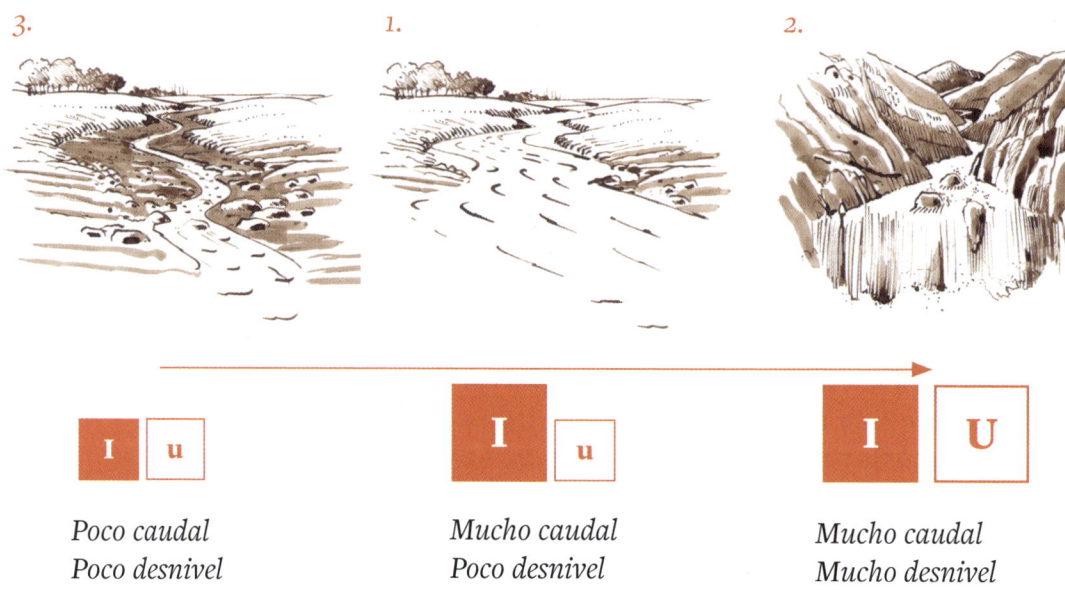

3.

1.

2.

Poco caudal
Poco desnivel

Mucho caudal
Poco desnivel

Mucho caudal
Mucho desnivel

*La energía de un río
se puede almacenar en una presa
y recuperarla haciendo girar una rueda hidráulica.*

ENERGÍA (E)

Nos queda un último concepto por definir... el de la energía.

Imaginemos para ello que la desembocadura del río es un embalse enorme, un lago por ejemplo.

Cuanto más poderoso sea el río, más rápidamente se llenará el reservorio. Eso no significa que no se pueda llenar con un río menos poderoso, sino simplemente que le costará más tiempo.

La energía disponible, si queremos hacer girar una rueda hidráulica a la salida del lago, se corresponderá así con el agua acumulada en el reservorio.

Lo mismo ocurre con la electricidad, **la energía se representa con la letra E, y una de sus unidades de medida es el vatio hora (Wh) o el kilovatio hora (KWh),** que corresponden a la cantidad de electricidad disponible (o consumida) para realizar un trabajo.

La energía se calcula multiplicando la potencia por el tiempo: $E = P \times t$.

Se almacena en un reservorio de mayor o menor capacidad, generalmente una batería.

Siguiendo la analogía con el agua, la capacidad del reservorio se mide en litros o metros cúbicos, y en el caso de la electricidad se usa la capacidad C en Amperios-hora (Ah).

La relación entre estos últimos es $E(Wh) = C(Ah) \times U(V)$.

EJEMPLO DE UNA BATERÍA DE UNA CAPACIDAD DE 100 Ah A 12 V

Permite almacenar
$100 \times 12 = 1\,200$ Wh de energía.

Atención: es muy frecuente confundir la potencia en vatios (**W**, que se corresponde con la fuerza de la corriente) y la energía en vatios hora (**Wh**, que se correspondería con el volumen de agua disponible).

31

1. ANALOGÍA ENTRE UNA CONEXIÓN ELÉCTRICA EN SERIE Y UN RÍO

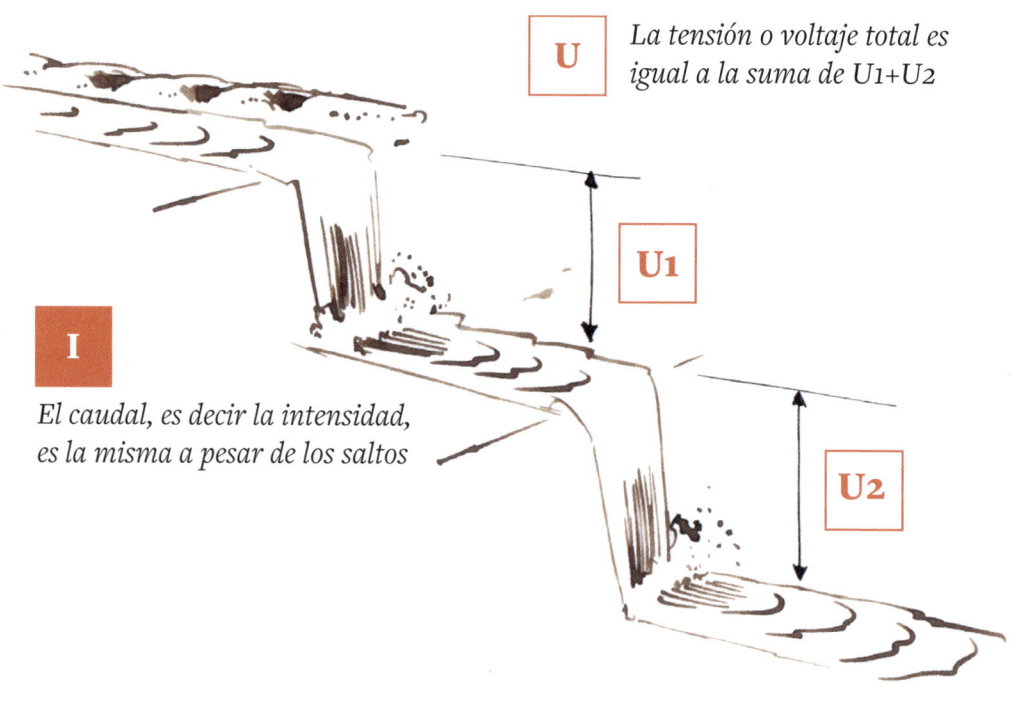

U La tensión o voltaje total es igual a la suma de U1+U2

U_1

I El caudal, es decir la intensidad, es la misma a pesar de los saltos

U_2

2. ANALOGÍA ENTRE UNA CONEXIÓN ELÉCTRICA EN PARALELO Y UN RÍO

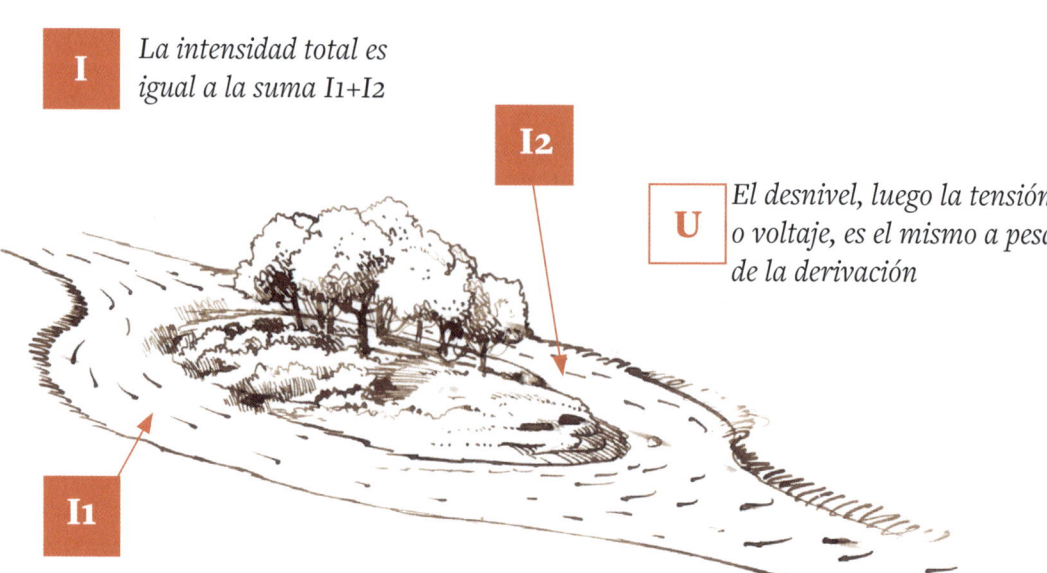

I La intensidad total es igual a la suma I1+I2

I_2

U El desnivel, luego la tensión o voltaje, es el mismo a pesar de la derivación

I_1

EN SERIE Y EN PARALELO

Si conectamos dos equipos **en serie**, sus tensiones (en voltios) se suman pero la corriente (en amperios) será la misma. Imaginad dos cataratas seguidas en un río, estas no cambian el caudal del río, pero sí la altura total, y por analogía la tensión será la suma de las dos (1).

Si ahora conectamos dos aparatos **en paralelo**, la tensión será idéntica pero la intensidad se sumará, algo parecido a un río que se separa en dos al llegar a una isla, el caudal se reduce a la mitad en cada brazo o derivación, pero eso no modifica la diferencia de altura entre antes y después de la isla (2).

CORRIENTE CONTINUA, CORRIENTE ALTERNA

Para concluir con los conceptos necesarios para llevar a cabo un proyecto fotovoltaico, hemos de abordar la diferencia entre **corriente continua** (CC, o DC en inglés) y **corriente alterna** (CA, o AC en inglés).

Aquí llegamos al límite de nuestra analogía fluvial, pues no nos permite explicar qué es una corriente sinusoidal, ni tampoco el funcionamiento de una resistencia, pero no es necesario entender todas estas sutilezas para llevar a cabo vuestra instalación. Recordad simplemente que una corriente eléctrica puede ser continua, cuando se genera, por ejemplo, en un panel fotovoltaico o en una pila, o alterna, cuando proviene de un alternador o de una red eléctrica de distribución (la Red Eléctrica Española, por ejemplo).

La corriente continua que usaremos es de muy baja tensión: **12, 24 o 48 V**. En Europa, la corriente alterna tiene una tensión estándar de **230 V**.

Resulta relativamente simple pasar de corriente continua a alterna mediante un aparato conocido como **inversor u ondulador** y que, como su nombre indica, permite hacer ondular una señal continua. La operación inversa se efectúa gracias a un **rectificador** que podemos encontrar por ejemplo entre el alternador de un coche (corriente alterna) y su batería (corriente continua).

Para modificar la tensión y pasar de 12 V a 230 V, por ejemplo, (o a la inversa), emplearemos un **transformador**.

EJEMPLO DE UN ORDENADOR PORTÁTIL
Este funciona con corriente continua (porque lleva batería) de 19 V. Sin embargo, se conecta a la red eléctrica con un cargador de 230 V. La pequeña caja del cargador contiene un transformador y un rectificador que permite pasar de los 230 V de corriente alterna de la red a los 19 V de continua del ordenador.

La mayoría de nuestros aparatos eléctricos ya cuentan con sus onduladores/rectificadores y transformadores.

TOMA DE TIERRA

Y ahora un último concepto un poco más práctico, el de la toma de tierra.

En cartografía, para definir la latitud cero se usa el nivel del mar. En electricidad, la referencia elegida para los potenciales (o « potencial cero ») es el potencial de la tierra en la base del edificio en el que nos encontremos.

Tampoco aquí entraremos en detalle, pero es importante tener en cuenta que la conexión a tierra es obligatoria y necesaria para protegerse en caso de fuga de corriente a la carcasa metálica de los equipos eléctricos, ya que permite derivar estas fugas al suelo y proteger así a las personas del riesgo de una grave electrocución.

La toma de tierra es obligatoria y necesaria para protegernos en caso de una fuga de corriente.

Los cables de la toma de tierra se conectan a una piqueta clavada en la tierra a los pies del edificio.

Los cables de toma tierra son de color verde y amarillo y han de conectar todos los equipos entre sí y hacia una piqueta clavada en la tierra a nivel de la base del edificio.

En internet o en libros de bricolaje, encontraréis sin problemas la información sobre la conexión a tierra. Si tienes la más mínima duda contacta con un electricista profesional que pueda validar tu esquema y la calidad de la toma de tierra de tu instalación.

RESUMIENDO

Tensión (U) en Voltios (V): es la magnitud física que representa la diferencia de potencial entre 2 puntos de un circuito.

Intensidad (I) en Amperios (A): también llamada amperaje o corriente, la intensidad representa el caudal de cargas eléctricas transportadas por los electrones que pasan por una sección de un circuito durante una unidad de tiempo.

Ley de Ohm establece la relación entre Tensión e Intensidad: U = R x I siendo R la resistencia del dispositivo por donde pasa la corriente. Se expresa en Ohmios (Ohm).

Potencia (P) en Vatios (W): representa la energía intercambiada (emitida o recibida) por un cuerpo durante un segundo.
La potencia eléctrica es igual al producto de la tensión por la intensidad: P = U x I

Energía (E) en Vatios-hora (Wh) o en Julios (J):
la energía eléctrica corresponde a la energía consumida por un aparato eléctrico al transformarla en otro tipo de energía.
La energía eléctrica E consumida por un aparato eléctrico que funciona con una potencia P durante un tiempo t puede expresarse con la relación: E = P x t
En el ámbito de la producción eléctrica, la unidad de energía habitual es el Vatio-hora y sus derivadas (Kilovatio-hora, Megavatio-hora), la equivalencia entre Vatio-hora y Julio es de: 1 Wh = 3600 J

Circuito en Serie: la intensidad I es igual en todos los componentes del circuito.
Las tensiones se suman (ley de las mallas).

Circuito en Paralelo (o derivación): todos los componentes del circuito tienen la misma tensión U, y se suman las intensidades (ley de nodos). Las instalaciones eléctricas domésticas son casi todas en paralelo: bombillas, enchufes, lavadoras, televisores, etc. Todos están alimentados en paralelo.

Corriente Continua (CC o DC): es una corriente constante en el tiempo, generalmente de muy baja tensión (12, 24 o 48 V) proveniente de la salida una batería o de un panel solar.

Corriente Alterna (CA o AC): es una corriente que varía en el tiempo de forma sinusoidal a una frecuencia de 50 Hz. Es el caso de la corriente doméstica, cuyo voltaje efectivo es 230 V (en Europa).
Es la corriente que utilizan la mayoría de nuestros electrodomésticos.

Toma de tierra (T): conexión entre los aparatos eléctricos y la tierra para prevenir riesgos a los equipos y a las personas.

5

Cálculo energético

*La electricidad más fácil de producir
es aquella que no se consume*

Anónimo

Hace ahora 2 años decidimos dejar París con su ritmo frenético y sus millones de pantallas para emprender, por un tiempo, una vida de trabajadores nómadas y aprendices de agricultor. Nuestra primera misión fue reconvertir una furgoneta de segunda mano en nuestra casa sobre ruedas.

Después de unos años trabajando en proyectos con decenas de miles de paneles solares, me lancé con alegría y entusiasmo a mi primer proyecto fotovoltaico autónomo y autoconstruido de... ¡1 solo panel! Tenía tanta prisa por ver el resultado que fallé estrepitosamente en el primer paso, que consistía en determinar nuestras necesidades energéticas... ¡Qué error!

Aun así logré mis objetivos y me sentía orgulloso del resultado,

*Calcular el consumo
desde el inicio del proyecto
permite ganar tiempo.*

porque nuestra pequeña instalación a primera vista funcionaba muy bien... ¡Hasta que llegó el otoño! Entonces las cosas se complicaron y enseguida nos dimos cuenta de que, a veces, teníamos que elegir entre cargar los ordenadores o encender las luces. Como Sonia era ilustradora y necesitaba un ordenador para trabajar, no tardó en resultar todo un problema para ella.

Luego rehíce mis cálculos y me di cuenta de que nuestra instalación en realidad estaba muy mal dimensionada respecto a nuestras necesidades... Nada grave, pues el sistema es completamente adaptable y se podían añadir paneles y/o baterías. Aún así habría sido preferible realizar este paso correctamente desde el principio.

Así que comenzaremos nuestro proceso buscando la respuesta a esta pregunta fundamental :

¿CUÁNTA ELECTRICIDAD NECESITO? Y ¿CUÁNDO?

No insistiré lo suficiente en subrayar la importancia de este paso... Lo mismo que hacemos la lista de la compra antes de ir al mercado, este paso nos permitirá ver con mayor claridad y ser más eficientes.

Para responder a esta pregunta, podéis lanzar una pequeña búsqueda del tesoro en vuestra propia casa: ¿dónde se esconde toda esa energía (Wh) y potencia (W) que utilizamos?

Dibujaremos una tabla con 4 columnas.

En la 1ª columna haréis la lista de todos vuestros aparatos eléctricos: frigorífico, congelador, aspirador, equipo de música, bombillas, etc. La lista puede ser larga.

Si vivís en familia, no dudéis en reuniros para hacerla juntos, es una actividad lúdica en la que los niños participarán y se divierten[10].

Una vez hecha esa lista, comenzad con la segunda columna, la de las potencias, e id anotándolas junto a cada uno de los aparatos eléctricos. En alguno de ellos, como en las bombillas o los pequeños electrodomésticos, esta suele estar claramente indicada « bombilla 30 W », « Batidora 300 W », « Microondas 3000 W »... Para los aparatos con cargador, esta suele estar indicada en este último. Para otros el juego resulta un poco más complicado y seguramente tendréis que buscar sus viejas instrucciones de uso, donde es bastante probable que encontraréis la valiosa información.

Por último, si ya no tienes las instrucciones o en estas no se indica la potencia del dispositivo (sucede), no te preocupes: encontrarás potencias orientativas para cualquier tipo de dispositivo en Internet. Lo importante es obtener una que sea coherente en orden de magnitud de su consumo real.

POTENCIA

Equipos eléctricos	Potencia (W)*	Tiempo (h/día)	Energía (Wh)
Lámparas	5	5	25
Equipo de música	200	4	800
Ordenador	50	3	150
TOTAL	255 W		975 Wh

*Ejemplo de valores indicativos. Las potencias suelen estar indicadas en los propios aparatos.

37

TIEMPO

En la 3ª columna, indicaréis el tiempo de uso diario de cada aparato (en horas).

También comprobaréis que algunos aparatos tienen un uso estacional. Por ejemplo, una bombilla se encenderá con toda probabilidad dos veces más tiempo en invierno que en verano, o una estufa eléctrica que solo se encenderá en invierno (aunque veremos más adelante que es mejor prescindir de ella).

Si vuestro objetivo es tener un sistema que funcione incluso en invierno, tendréis que indicar el tiempo de uso de vuestros equipos en esta estación.

ENERGÍA

La 4ª y última columna corresponde a la energía que consume cada uno de vuestros aparatos a lo largo de la jornada. Rellenad esta columna multiplicando el valor de la potencia (2ª columna) por el tiempo de uso (3ª columna) pues como ya vimos en el anterior capítulo, la energía es igual a la potencia multiplicada por el tiempo.

Caso particular de algunos electrodomésticos como el del frigorífico/congelador: estos no tienen consumo constante a lo largo de la jornada y, por ejemplo, consumirán su potencia máxima (la indicada en la 2ª columna) durante 10 min y luego se pondrán en « espera » 50 min mientras la temperatura del frigorífico se mantenga bien. Si aplicásemos la metodología anterior, es decir, multiplicar la potencia indicada por el tiempo, obtendríamos consumos muy superiores a la realidad. En estos casos el consumo energético diario o anual de los equipos está indicado en las instrucciones (con la categoría A, B, C...).

« MEDIDOR DE CONSUMOS »

Como último recurso tenemos un método alternativo para esta caza del tesoro: « vatímetro » o « kill-a-watt-meter » en inglés. Este pequeño aparato, que podemos encontrar fácilmente por unos 15 euros, os permitirá pasar menos tiempo buscando, pero a cambio tendréis que estar más tiempo midiendo. Basta con conectarlo entre el enchufe y el aparato para que os dé la potencia instantánea, (2ª columna), así como la energía consumida en un día (4ª columna).

Tanto si estáis realmente interesados en instalar vuestros paneles solares, como si simplemente queréis conocer vuestro consumo, os recomiendo el uso de esta pequeña herramienta que os dará una idea muy precisa de vuestro consumo real.

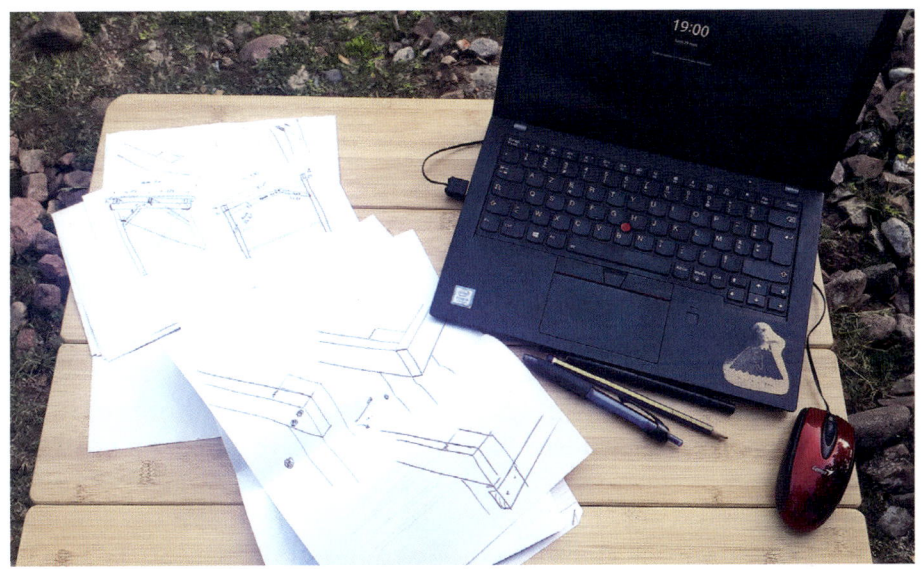

Un lápiz, una hoja y una calculadora, o un ordenador, es todo lo que necesitaréis para las primeras fases de dimensionado de vuestro proyectos.

NECESIDADES TOTALES

El total de la 2ª columna os dará la indicación de vuestra potencia máxima. Esto sería en el caso de que todos vuestros dispositivos estén funcionando al mismo tiempo, lo que probablemente nunca suceda. Así que podéis considerar un total más realista estimando qué consumos simultáneos máximos podrían darse.

EJEMPLO

Yo considero que nunca encenderé la sierra circular (1500 W) y el secador de pelo (1500 W) al mismo tiempo, así que puedo reducir el total de la potencia en 1500 W.

La suma de la 4ª columna os dará a su vez **la energía total que consumís durante una jornada**. Bastará con multiplicar por 365 para tener el total anual.[11]

Si os es posible, os recomiendo comparar este valor estimado con el valor real en vuestra factura de suministro eléctrico. Deberían ser muy parecidos. Si hay una diferencia importante, significa que probablemente habéis estimado mal el tiempo de uso de algunos aparatos, y es mejor modificar vuestra tabla hasta obtener un valor cercano al de vuestro proveedor de energía. Este balance energético también lo podéis hacer recurriendo a algunas webs especializadas.

6

El fitness energético

*La economía moderna [...] evalúa el « nivel de vida »
en función del nivel de consumo energético anual, y postula
constantemente que una persona que consume más « vive mejor »
que otra que consume menos. Un economista budista consideraría
este modo de pensar como el colmo de la
irracionalidad: si el consumo es solo un medio para el
bienestar humano, el objetivo debería ser obtener el
máximo bienestar con el mínimo consumo.*

E. F. Schumacher – *Lo pequeño es hermoso*

Ahora que conocemos nuestro consumo real, convendría responder a la siguiente pregunta: « **Entre todos estos usos, ¿cuáles son necesarios y cuáles son superfluos?** ». Dado que pocas veces somos realmente conscientes de lo que consumimos, esta etapa suele darnos muchas sorpresas.

Recuerdo que al hacer mi primer inventario acabé descubriendo el increíble consumo que tienen los aparatos térmicos eléctricos (horno, calentador, secador de pelo, vitrocerámica, calentador de agua...). También resultó muy interesante comprobar que más de la mitad del consumo medio español consiste en calentar el aire (calefacción) o el agua (calentador de agua).

Podríamos utilizar los valores obtenidos en el capítulo anterior sin más, y diseñar nuestro sistema fotovoltaico basándonos en ellos. Pero tengamos en cuenta que cuanto mayores sean las necesidades de potencia y energía, más paneles, y seguramente baterías, necesitaremos para lograrlo, aumentando así el coste ecológico y económico de la instalación. Por el contrario, cada vatio y vatio-hora superfluo que eliminemos en esta etapa, nos permitirá reducir el coste de la instalación sin perder una gota de confort... ¡El resultado bien vale el esfuerzo!

Paneles solares fotovoltaicos y paneles solares térmicos,
cada uno aporta una parte de la energía que se necesita en un hogar.

Veámoslo de otro modo: ¿es realmente la electricidad el modo más adecuado de calentar el agua o la casa? ¿No existen formas más naturales de calentarse? Por supuesto que si, tenemos la leña para calentar la casa y tener agua caliente sanitaria[12], o incluso la aerotermia o la energía solar térmica.

Si lo enfocamos desde la resiliencia lo mejor es tener la máxima diversidad posible, **así que conviene diversificar las fuentes de energía**. Al eliminar la calefacción y la cocina de nuestro proyecto fotovoltaico, rebajamos nuestra dependencia de una única técnica y reducimos el tamaño de nuestra instalación a la mitad.

PERDER UNOS KILOS... VATIOS-HORA

Por fitness energético no nos referimos aquí al fitness con vocación estética, sino al que se prescribiría como fitness terapéutico en caso de ¡grave sobrepeso! Porque nosotros, los occidentales, estamos literalmente obesos de energía, y nuestro consumo se sitúa en un nivel inalcanzable para el resto del mundo, so pena de destruir la vida del planeta.

Para mí esta es la fase más importante: todo lo que se descarte aquí no se habrá de construir, lo que supone una gran parte del trabajo... ¡pues ya no será necesario hacerlo!

Entre quienes desean disponer de una instalación que produzca lo suficiente para satisfacer sus gigantescas necesidades energéticas occidentales, y quienes buscan prescindir al máximo de la electricidad, existe todo un abanico de posibilidades a las que cada cual podrá sumarse en función de su sensibilidad y necesidades... Como dice este aforismo solar francés: « Cada uno ve el mediodía en su puerta »

¡Así que repasemos cada una de las líneas de la tabla que acabamos de hacer y veamos cómo podemos adelgazar todo eso!

DISTRIBUCIÓN DEL USO DOMÉSTICO[15]
DE LA ELECTRICIDAD EN EL HOGAR
(PROMEDIO EN ESPAÑA)

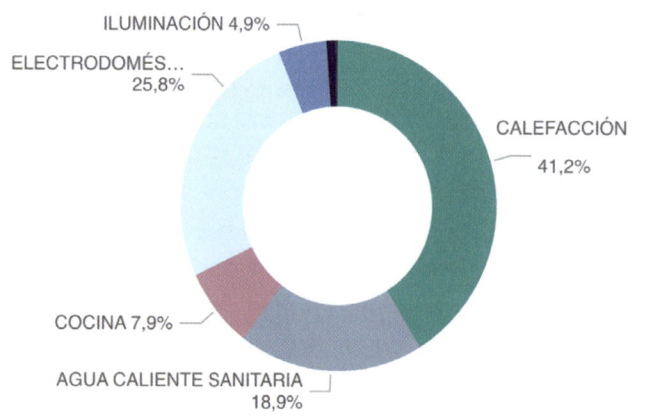

ILUMINACIÓN 4,9%
ELECTRODOMÉS... 25,8%
CALEFACCIÓN 41,2%
COCINA 7,9%
AGUA CALIENTE SANITARIA 18,9%

ELIMINAR LO SUPERFLUO...

... o todo aquello que se pueda obtener por otros medios más adecuados: esta es la mayor fuente de optimización.

Como hemos dicho antes, podemos elegir usar, por ejemplo, leña para la calefacción, energía solar térmica para el agua caliente, la escoba en lugar de la aspiradora, el tendedero en lugar de la secadora...

Algunos irán aún más lejos en este planteamiento y recurrirán a las bajas tecnologías (**low-tech**), tecnologías « más simples, modulables y más fácilmente reciclables que las provenientes de la high-tech »[13] : claraboyas para la iluminación, un frigorífico natural para reemplazar al eléctrico, un horno solar, ¡o incluso una cocina doméstica de biogás!

Encontraréis muchas ideas y recursos sobre estas tecnologías austeras en organizaciones y asociaciones especializadas como el low-tech magazine (Barcelona), el Mandala (Asturias), el taller de investigación alternativa (Navarra) y muchas otras.

En resumen, hay multitud de posibilidades, ¡cada una más emocionante que la anterior! Y cada uno podrá colocar el cursor donde desee en función de sus aspiraciones, el clima de su región, de su hábitat y la fase de construcción en la que se encuentre (en construcción, reformado, ya construido), etc.

ELIMINAR EL DESPILFARRO

Aparatos en stand-by, luces o equipos que se quedan encendidos... este es un tema muy conocido y una fuente de ahorros nada despreciables.

Luces con detector de movimiento, regletas de enchufes con interruptor, o incluso domótica para los más tecnófilos: todos estos pequeños recursos nos permiten ir haciendo pequeños ahorros que, puestos unos al lado del otro, acaban siendo importantes.

REEMPLAZAR POR APARATOS QUE CONSUMAN MENOS ELECTRICIDAD

Pasando de lámparas incandescentes a bombillas LED y cambiando algunos electrodomésticos por otros más eficientes (A o B)... Según la ADEME (Agencia del Medio Ambiente y Gestión de la Energía), en Francia se podría reducir el consumo en el equivalente al de 2 millones de personas equipadas con aparatos eléctricos de bajo consumo[14].

A veces la solución la encontramos en equipos más modernos, pero tampoco debemos despreciar lo viejo o de ocasión. Me acuerdo del ejemplo de una maravillosa batidora que teníamos en nuestro pequeño apartamento parisino. El top de las batidoras, cromada, 10 velocidades e incluso un modo

Como principio, trataremos de evitar al máximo los usos térmicos, verdaderos devoradores de energía.

«turbo»... En resumen, ¡la mejor experiencia de batido posible! Solo tenía un pequeño inconveniente, su potencia era de 1500 W... Es enorme, pero no caemos en ello cuando tenemos acceso a una electricidad « ilimitada ». Cuando hice el inventario energético para diseñar nuestra instalación, me di cuenta de que, si quería conservarla, tendría que instalar más paneles ¡solo para ella!

Por mucho que adorásemos las sopas, eso era completamente absurdo... Compartiendo mi consternación durante una cena familiar, mi abuela (¡también reina de las sopas!) me dijo « mira la nuestra, es algo vieja pero funciona muy bien ». Y fijándome más de cerca descubrí que la potencia solo era de 130W ¡10 veces menos que la nuestra! Era perfecta para nosotros, podíamos seguir haciendo sopas sin aumentar nuestras necesidades energéticas.

Saqué un par de lecciones: la primera es que la potencia de la batidora no es la responsable de hacer ¡buenas sopas! Y la segunda, que es lo verdaderamente importante para el tema que nos ocupa, es que a menudo existen alternativas menos modernas y generalmente con un menor consumo de electricidad... Los rastros y otros mercados de ocasión están llenos de tesoros, no dudéis en echarles un ojo.

Con este mismo proceder encontramos un viejo secador de pelo que consume mucho menos que nuestros aparatos modernos. Y además cambiamos nuestra aspiradora de 3000W por una fantástica escoba de ¡0 Vatios!

En esta fase, vuestra tabla se habrá hecho más liviana y las potencias y energías necesarias deberían ir acercándose a algo más razonable para una instalación fotovoltaica.

¿CAMBIAR ALGUNOS HÁBITOS PARA SEGUIR EL RITMO DEL SOL?

Es la última fase de nuestra cura pero, a diferencia de las anteriores, resultará más difícil de conocer su impacto sobre el consumo total. El principio es tratar de hacer funcionar vuestros equipos en el momento de mayor insolación.

Hay dos ciclos que debemos tener en cuenta: el diario y el de las estaciones.

De hecho, una instalación solar tiene una significativa limitación... solo producirá cuando brille el sol. La mejor época del año será pues alrededor del mediodía en verano, y la peor por la tarde en invierno.

Para paliar esta falta de energía tras el crepúsculo o durante los periodos nublados, instalaremos **baterías** que almacenen la electricidad del sol y así poder usarla durante la noche, u obtenerla directamente de la **red eléctrica.**

Para minimizar estas necesidades trataremos de reducir nuestro consumo nocturno y **aproximar nuestra curva de consumo a la curva de producción solar.** Se acabó, por ejemplo, la costumbre de poner lavadoras y calentadores de agua por la noche... Ahora será al mediodía, y lo mismo para todo lo que se pueda recargar durante las horas de luz (teléfono, ordenador, etc.) para que por la noche solo tengamos un mínimo consumo estrictamente necesario, normalmente la iluminación, el frigorífico, el router...

Finalmente, al ser nuestro sistema más frágil en invierno, buscaremos aprovechar las ventajas de esta estación para reducir nuestra carga eléctrica... Por ejemplo ¿podríamos aprovechar el clima frío para desconectar la nevera y cambiar, siempre que la temperatura lo permita, a una nevera natural?

Los demás usos tendrán en todo caso **su propia estacionalidad:** una bomba de riego o un ventilador sólo se usan en días soleados, ¡lo que resulta muy adecuado! Se trata pues de ir adoptando nuevos hábitos, generalmente poco limitantes, a los que nos adaptaremos rápidamente.

Una bodega o una nevera natural son una manera excelente de disminuir el consumo eléctrico invernal.

Por el contrario a mediodía, generalmente tendremos un pico de energía solar no utilizada. ¿Por qué no almacenar esta energía de forma reutilizable? Un ejemplo bien conocido es el del frigorífico o congelador solar, que cuentan con una masa refrigerante suplementaria para devolver el frío acumulado por el día durante la noche.

Yo he seguido este principio de manera artesanal, poniendo bloques refrigerantes dentro de mi nevera (los famoso bloques azules de las neveras portátiles) y conectándola a un programador para que se apague por la noche. Dependiendo de la eficiencia del frigorífico, puede ser necesario programar que se vuelva a encender algunas horas cada noche. En mi caso, conectarlo 1 h en mitad de la noche basta para mantenerlo por debajo de los 4 °C. **Esto divide por entre 5 y 10 el consumo nocturno del frigorífico, y casi en la misma proporción las necesidades de almacenamiento.**

Otra forma inteligente de almacenar energía cuando es abundante, es bombear agua de riego a un depósito elevado, o utilizar el excedente de energía solar para alimentar un calentador de agua eléctrico.

Y una vez aligeradas nuestras necesidades energéticas, ya podremos centrarnos en su producción.

7

La producción solar

El hombre que no se contenta con poco,
nunca estará contento con nada.

Epicuro

Este es el último paso en el despacho, a partir de aquí ¡dejaremos que entre el sol!

La cuestión es la siguiente: **¿de cuánta energía solar disponemos en nuestro terreno?** Porque la cantidad de energía producida por el panel dependerá de la radiación que reciba.

Cada región recibe un **nivel de radiación solar** característico: cuanto más al sur esté situada, mayor será la radiación recibida. En España, como se puede ver en el mapa de la derecha, tenemos de 1100 kWh/KWp en el norte a 1800 en el sur de la península (Fuente: https://globalsolaratlas.info).

Algunos lugares se ven influenciados por **microclimas** o **sombras** locales, como por ejemplo, los situados frente a la ladera norte de una montaña, porque durante el invierno proyectará una gran sombra que reducirá la insolación diaria.

PONERSE EN SITUACIÓN

Es el momento de indagar sobre vuestro emplazamiento y empezar a imaginar vuestra instalación solar.

En primer lugar, y en la medida de lo posible, el emplazamiento estará orientado al sol, es decir, mirando al sur en el hemisferio norte. Si no es el caso tampoco es ningún drama, pero bajará la producción. No

MAPA DE INSOLACIÓN ANUAL

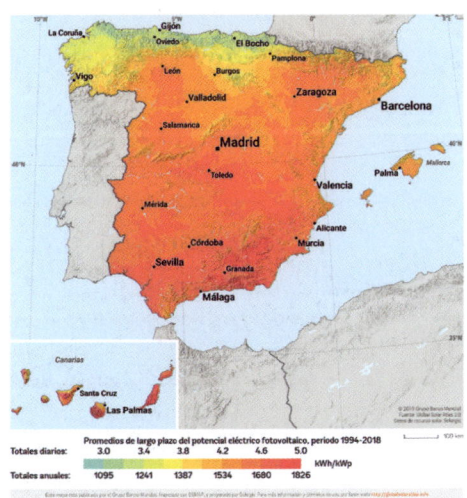

47

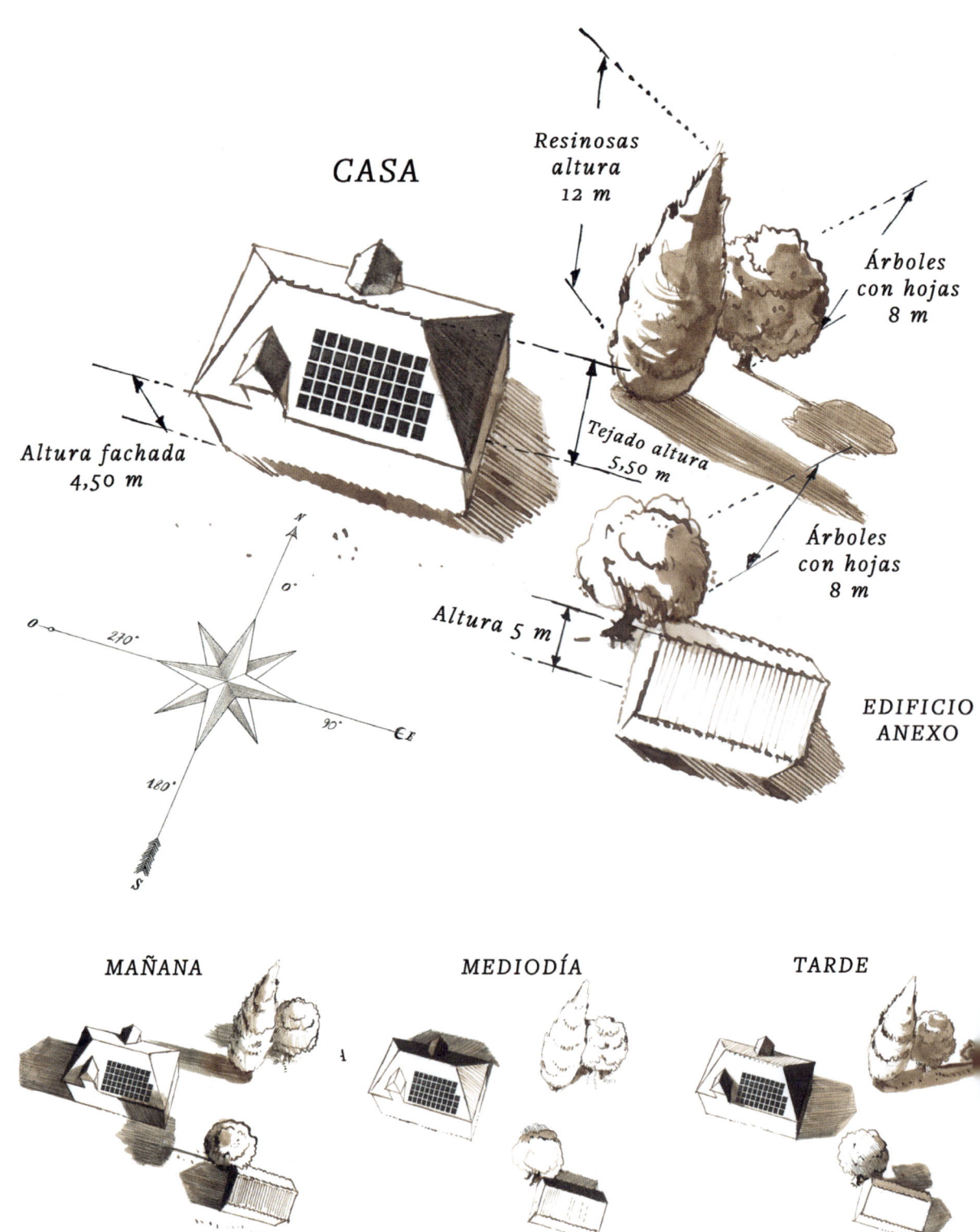

CASA

Resinosas
altura
12 m

Árboles
con hojas
8 m

Altura fachada
4,50 m

Tejado altura
5,50 m

Árboles
con hojas
8 m

Altura 5 m

EDIFICIO
ANEXO

N

O

270°

0°

90° E

180°

S

MAÑANA

MEDIODÍA

TARDE

olvidéis tenerlo en cuenta al calcular vuestra producción.

Ahora tomaos el tiempo de observar las sombras que se mueven a lo largo del día y tratad de identificar un lugar que **nunca esté, o lo esté el menor tiempo posible, sombreado.**

Si es verano, tened cuidado con las sorpresas invernales: como el sol está muy bajo en el horizonte, las sombras se extenderán más y vuestra instalación puede acabar de repente a la sombra de un árbol o de un edificio que no habías tenido en cuenta en verano.

Si por el contrario es invierno y tenéis árboles de hoja caduca... no olvides que unos meses después estarán cubiertos con sus millones de hojas, que aumentarán considerablemente su zona de sombra.

Para visualizar las sombras en las diferentes estaciones, podéis usar esta pequeña astucia: el software gratuito Google Earth Pro, que permite, no solo visualizar vuestra casa a vista de pájaro, sino también retroceder en el tiempo. Mirando en las imágenes del satélite de años anteriores, veréis que se han tomado en diferentes estaciones y en diferentes momentos del día. Observa en ellas la apariencia de las sombras sobre vuestro terreno.

Tened en cuenta que las sombras anteriores a las 9 h o después de las 17 h tienen un impacto mínimo sobre la producción.

LA INCLINACIÓN DE LOS PANELES

En España, la inclinación óptima, es decir aquella para la que se produce el máximo de energía a lo largo del año, es de unos 30°- 35°.

Sin embargo, si queremos favorecer la producción invernal, es mejor aumentar la inclinación hasta un máximo de 60°.

En verano

En invierno

La mejor orientación para los paneles es la perpendicular a los rayos de luz. Como el sol está más bajo en el horizonte en invierno que en verano, la inclinación óptima cambia para cada estación.

Al favorecer la estación en la que el sol está más bajo en el horizonte, se perderá producción en verano. Pero en verano las necesidades de electricidad suele ser menores y la producción mucho mayor, así que puede que aún resulte adecuada.

Por último, también podéis hacer, o adquirir, un soporte que permita variar la inclinación del panel a lo largo del año. Así podréis ganar entre un 10 y un 15 % más de producción sin tener que instalar equipos adicionales.

CALCULAR LA INSOLACIÓN

Hacer una estimación de la producción solar y compararla con vuestro consumo no es una ciencia exacta. La metereología y los usos varían a diario, los años de uso se sucederán pero nunca serán exactamente iguales. La metodología que os propongo no os ofrecerá una precisión al nivel de vatios-hora, pero sí un orden de magnitud que os bastará para los siguientes pasos.

Todos podemos conocer con precisión nuestro nivel de insolación, basta con usar un simulador solar de alguna web. PVGIS, una herramienta facilitada por la Unión europea, es seguramente el ejemplo más conocido y fiable. Algunos proveedores de materiales para la instalación solar también los ofrecen en sus páginas web.

La insolación depende del emplazamiento y de la época del año, es importante tenerlo en cuenta.

Al hacer la simulación elegid la opción « conectada a la red » que os permitirá evaluar la producción, es decir, la cantidad de electricidad que teóricamente debería producir vuestro sistema. Indicad la inclinación de los paneles, el azimut (el 0° suele indicar orientación Sur), vuestra localización y finalmente la potencia a instalar expresada en 1000 Wp, es decir en 1 kWp.

Con esto obtendremos la producción fotovoltaica anual en kWh por cada 1 kWp instalado, es decir, la cantidad de energía que 1 kWp de paneles puede proporcionar durante un año. Este valor, denominado **productividad teórica de la instalación**, en España peninsular y Baleares oscila entre 1100 kWh/kWp/año y 1800 kWh/kWp/año.

Aprovechad también para echar un vistazo a la curva de producción mensual, veréis que se producen diferencias significativas entre la producción de verano y la de invierno.

Jugando con la inclinación, podréis modificar estas diferencias. Si por ejemplo simuláis inclinaciones cada vez mayores, la curva tenderá a « aplanarse », lo que significa que se reducen las diferencias de producción entre verano e invierno.

Simulando varios escenarios, podréis determinar qué inclinación os parece la óptima. Si no lo veis muy claro, mirad el ejemplo del Capítulo 13.

POTENCIA INSTALADA Y NÚMERO DE PANELES

Ahora simplemente tendréis que dividir el valor total de vuestro consumo anual (obtenido en el Capítulo 6) por el valor de producción anual total obtenido en la web.

EJEMPLO

Un consumo anual de 3300 kWh y una producción solar de 1100 kWh/kWp darán 3300 kWh/1100 kWh/kWp o sea 3 kWp. Por tanto necesitaré instalar 3 kWp, o 3000 Wp, de paneles para producir toda la energía que consumo.

Atención, estamos hablando de valores promedio: la energía total que se necesita se producirá a lo largo del año, pero en el día a día a menudo habrá diferencias importantes entre la producción y el consumo.

Para producir lo suficiente en cada momento del año, debemos pasar del razonamiento « de media » a un razonamiento de « en el peor caso ».

Para ello compararemos el consumo máximo con la producción mínima a lo largo de un día. Esto equivale a considerar el día del año en el que más consumimos y menos producimos (en invierno, evidentemente).

EJEMPLO

Partiendo del ejemplo anterior, con un consumo anual de 3300 kWh, yo he constato un consumo máximo de 13 kWh/día el 21 de diciembre. Ese mismo día, los resultados del PVGIS me indican una insolación de 3kWh/kWp/día. Por lo que puedo estimar que necesitaré instalar 13/3 = 4,3 kWp de paneles en lugar de los 3 kWp del método anterior.

Atención, este razonamiento nos lleva a una instalación muy sobredimensionada que en consecuencia estará ofreciendo una sobreproducción el resto del año...

A veces es mejor aceptar que nuestra pequeña central eléctrica no estará « a la altura » durante unos días de invierno, a cambio de que esté bien ajustada durante el resto del año....

Y ahora que sabemos la potencia total requerida, solo necesitamos dividirla por la potencia unitaria de los paneles que vayamos a comprar para determinar su número.

EJEMPLO

Si los paneles tienen 350 Wp y hemos estimado unas necesidades de 3 kWp, o sea 3000 Wp, obtenemos 3000/350 = 8,5 luego necesitamos 9 paneles de 350 Wp cada uno.

LOS PANELES

Aquí solo voy a hablar de la principal tecnología en cuanto a paneles fotovoltaicos: los paneles de **silicio monocristalino.** Estos paneles están formados por finas láminas de cristal de silicio, que se obtienen a su vez a partir de la sílice, el segundo elemento más abundante en nuestro planeta. La eficiencia de estos paneles ronda el 20%, lo que significa que el 20% de la energía solar que reciben la convierten en electricidad.

Les células fotovoltaicas no se desgastan al producir electricidad, solo pueden sufrir daños por las inclemencias del clima si se rompe el cristal protector. Este es el motivo por el que las células fotovoltaicas tienen una vida útil tan larga, y los fabricantes garantizan los paneles hasta por 30 años.

Al cabo de estos 30 años se estima que habrán perdido alrededor del 15% de su capacidad de producción, pero seguirán resultando útiles durante unas cuantas décadas más.

Existe un gran número de marcas, modelos y potencias.

Los principales criterios para su elección son:

- **La potencia pico:** que hoy en día oscila entre los 350 Wp y los 600 Wp por panel. La elección dependerá de las necesidades totales que hayáis calculado antes.

- **El precio:** para poder comparar el precio de paneles de distintas potencias, os aconsejo que calculéis los precios de cada panel en €/Wp.

EJEMPLO

Un panel de 250 Wp y 120 € tendrá un precio por Vatio instalado de 120 €/250Wp = 0,48 €/Wp. Si lo comparamos con otro panel de 380 Wp y 195 €, que tiene un coste por Wp de 0,51 €/Wp, vemos que el primero es mejor económicamente.

- **La densidad energética:** si el espacio del que dispones es limitado, tendrás que elegir un panel lo más denso posible, es decir con un máximo de Wp/m²

EJEMPLO

Si retomamos los dos ejemplos anteriores, con la misma superficie de paneles (1,6 m²), el segundo es alrededor de un 30 % más denso con 218 Wp/m². Para una misma potencia la instalación ocuparía pues un 30 % menos espacio que con los paneles de 250 Wc.

- **Su procedencia y la huella de carbono:** la mayoría de paneles provienen de Asia, será difícil de evitar. Su origen no prejuzga su calidad y huella de carbono, la mayoría de los paneles de muy baja huella de carbono también se fabrican en Asia.

Todavía existe la posibilidad de abastecerse de fabricantes cercanos de muy buena calidad, he aquí

Los paneles solares se conectan ente sí en serie o en paralelo, usando para ello unos terminales específicos (generalmente MC4).

un listado no exhaustivo: VMH, Systovi, Dualsun, Photowatt, Sunstyle (tejas fotovoltaicas)...

Dado que la indicación de la huella de carbono no es obligatoria, solo la encontraréis en algunos fabricantes y en determinados modelos. Si no estáis seguros de qué paneles comprar, los propios proveedores de estos materiales generalmente os podrán aconsejar muy bien.

ESQUEMA DE CONEXIÓN

Cada panel se caracteriza por un voltaje y amperaje máximos que vienen indicados en la parte posterior del mismo. Se denominan Voc e Isc respectivamente.

Como vimos en el Capítulo 4, al conectar los paneles en serie,

sus voltajes se suman. Tened cuidado, la tensión total del sistema puede volverse rápidamente peligrosa y superar los 120 V que es la tensión límite de seguridad en corriente continua.

Si hacemos la conexión en paralelo, serán las intensidades las que se sumen, manteniéndose igual el voltaje del sistema.

Imaginemos que hemos adquirido 6 paneles con un voltaje Voc de 30 V y una intensidad Isc de 10 A, estas son las posibles opciones de conexión:

-6 paneles en serie:

las tensiones se suman, por lo que la tensión total será de 180 V. Como la intensidad se mantiene, la intensidad total será por lo tanto de 10 A.

- 6 paneles en paralelo:
la tensión total equivale a la de un solo panel, es decir 30 V, y las intensidades se suman, siendo por tanto la intensidad total de 60 A.

- 3 paneles en serie/paralelo:
cada serie de 3 paneles nos dará una tensión de 90 V, y la conexión en paralelo de las dos series de paneles producirán una intensidad de 20 A.

¿Qué esquema elegir?
El que ofrezca voltajes y amperajes de salida que se encuentren dentro de los límites permitidos por los demás equipos de la instalación.

Por ejemplo, si el regulador solar (que veremos más adelante) tiene un rango de funcionamiento entre 30-100 V y 10-20 A, solo será válida la conexión «3 paneles en serie/paralelo».

EJEMPLO DE MÓDULOS CONECTADOS EN SERIE O EN PARALELO

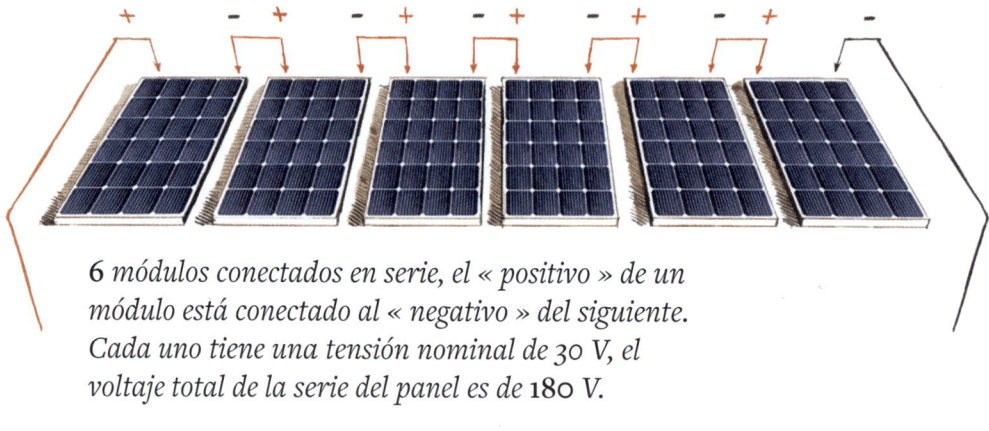

*6 módulos conectados en serie, el «positivo» de un módulo está conectado al «negativo» del siguiente. Cada uno tiene una tensión nominal de 30 V, el voltaje total de la serie del panel es de **180 V**.*

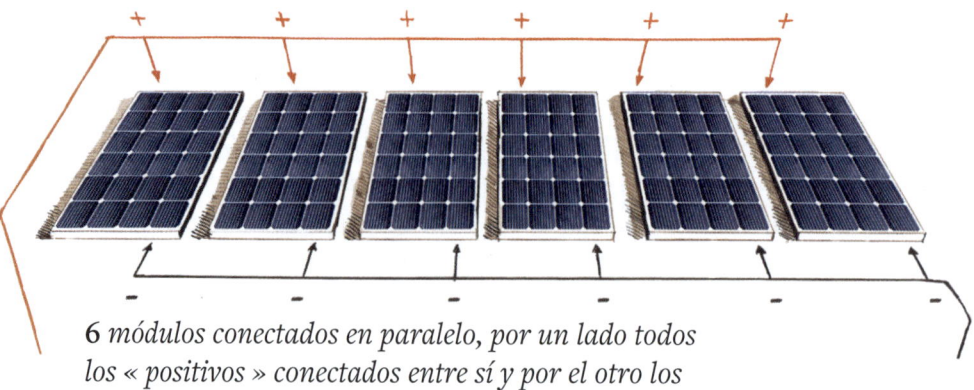

*6 módulos conectados en paralelo, por un lado todos los «positivos» conectados entre sí y por el otro los «negativos». Cada uno tiene una intensidad nominal de 10 A y la intensidad total es de **60 A**.*

8

¿Baterías o conexión a red?

La invención de la batería eléctrica fue una auténtica revolución [...].
La electricidad, que hasta ahora era estática, se ha vuelto dinámica [...].
Las aplicaciones serán cada vez más numerosas, quedando el camino
despejado para utilizar la electricidad en crear trabajo, calor, luz.

Enciclopedia Universalis – 1970, **pág. 12**

¿POR QUÉ ALMACENAR?

La energía fotovoltaica depende por definición del ciclo solar y no puede proporcionarnos sus preciados electrones una vez que la luminosidad desaparece.

¿Cómo funcionan los paneles solares?

Volvamos por un momento a nuestro país de las maravillas e imaginemos que la luz también está formada por pequeños seres fantásticos, pero de especie diferente a los electrones: los fotones. Tras un viaje de apenas 8 minutos 30 segundos desde el Sol, estos pequeños granos de luz llegan a su destino, ¡la Tierra! Algunos de ellos aterrizarán en nuestros paneles fotovoltaicos, atravesarán el cristal del panel fotovoltaico y «chocarán» contra las células de silicio.

En estas células nuestros electrones duermen plácidamente, aún cansados del trabajo del día anterior... ¡Pero los fotones no han viajado hasta aquí para verlos dormir! Llenos de energía tras su matutina travesía espacial y con ganas de broma, despiertan a nuestros amigos los electrones con una fuerte palmada en la espalda. Con un sobresalto, estos se pondrán a correr sin descanso. Saliendo del módulo se encaminan al cable negro (es temprano, el tráfico aún es fluido), luego, tras pasar por nuestra cafetera, regresarán por el cable rojo hasta el panel.... ¡Hasta la siguiente vuelta!

A esto se lo conoce como **efecto fotoeléctrico,** descubierto por el físico francés Becquerel en 1830, quien observó que ciertos materiales, incluido el silicio, producían electricidad cuando se exponían a la luz.

En realidad, una batería solo puede restituir una parte de la energía que ha almacenado.

Así pues, nuestra instalación solar solo puede funcionar cuando hay fotones, es decir, luz. La energía solar es lo que conocemos como fuente de energía « **intermitente** » a diferencia del petróleo, el gas, el carbón, la hidroeléctrica y la nuclear que permiten las llamadas transformaciones energéticas « **controlables** » (bajo demanda).

Como la energía en forma de electricidad se almacena muy mal, toda la complejidad reside en nuestra capacidad de gestionar la cantidad de aquello que necesitamos en cualquier momento, pero que solo está disponible la mitad del tiempo...

Aquí es donde entra en juego la red eléctrica o el sistema de almacenamiento. En el primer caso permitirá gestionar la electricidad disponible en tiempo real y en el segundo almacenar electricidad en baterías en forma de energía química.

DIMENSIONADO DE LAS BATERÍAS

Las baterías se caracterizan por:
- **su tensión** en Voltios
- **su capacidad de carga** en Amperios-hora.

Como ya hemos visto, para obtener la energía almacenada en Vatios-hora solo se ha de multiplicar la capacidad de carga por el voltaje.

- **su profundidad de descarga** (*Depth Of Discharge*, DoD) en porcentaje. Esta profundidad de descarga oscila entre el 30% para las baterías de plomo y el 80% para las de litio. Más allá de este umbral, la batería se dañará y su vida útil se reducirá. Por lo tanto, es fundamental garantizar que el sistema permanezca permanentemente por encima del umbral máximo de descarga.

EJEMPLO

Tomemos el ejemplo de una batería de 100 Ah a 12 V, esta batería almacena eficazmente
100 x 12 = 1200 Wh, pero:
- si tiene un DoD del 30%, solo podrá devolver el 30% de 1200 Wh, osea, 360 Wh
- Si tiene un DoD del 80%, podrá devolver el 80% de 1200Wh, o sea, 960Wh.

Si decidís instalar baterías, deberéis calcular las dimensiones del banco de baterías. El objetivo es conseguir almacenar lo suficiente para abastecer vuestras necesidades durante la noche o los días sin sol.

EJEMPLO

Imaginemos que nuestras necesidades son de 1000 Wh/día. La mitad de los usos se dan durante el día, cuando hay sol y producción, así que necesito 500 Wh/día para cubrir nuestras necesidades nocturnas.

Dado que las baterías son de 12 V, al dividir 500 Wh entre 12 vemos que necesitamos 42 Ah de capacidad de batería. Imaginemos que elegimos una batería de Gel Pb-Ca con un DoD del 50%, esto significa que necesitaremos una batería con una capacidad mínima de 2 veces 42 Ah, es decir 84 Ah.

Buscando en los catálogos de los proveedores, es probable que elijamos una batería de 90 Ah o de 100 Ah.

ESQUEMAS DE CONEXIÓN

Las baterías se pueden conectar entre sí en serie o en paralelo.

El principio es exactamente el mismo que para los paneles: conectar baterías de 12 V en serie permite elevar la tensión del banco de baterías a 24 V (1) o 48 V. En paralelo, aumentaremos la capacidad del parque sin cambiar el voltaje de funcionamiento (2).

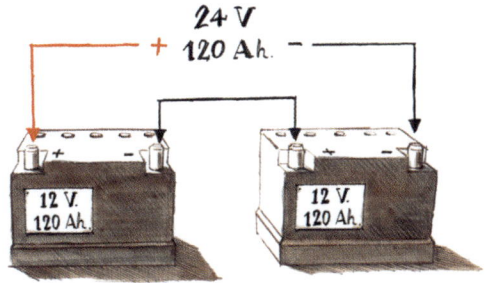

1. 2 baterías de 12 V y 120 Ah conectadas en serie constituyen un banco de baterías con un voltaje de 24 V y una capacidad de 120 Ah.

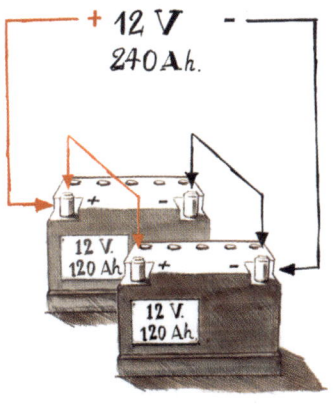

2. 2 baterías de 12V y 120Ah conectadas en paralelo constituyen un banco de baterías con un voltaje de 12 V y una capacidad de 240 Ah.

1. y 2. permiten almacenar la misma cantidad de energía, es decir, 2880 Wh (E = U x C).

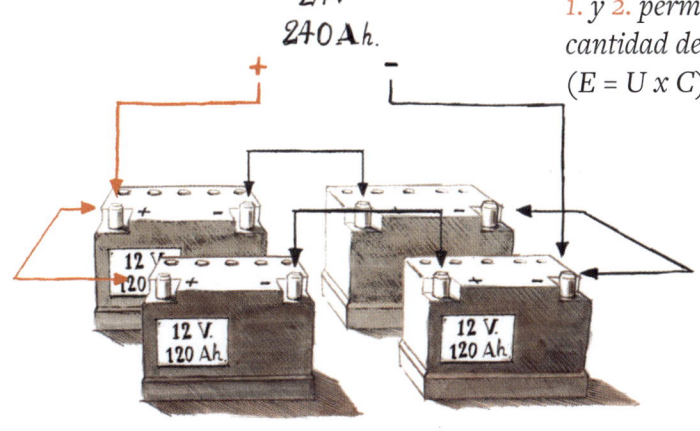

2 series de 2 baterías de 12 V y 120 Ah conectadas en paralelo constituyen un banco de baterías de 24 V y 240 Ah, es decir, una energía total almacenada de 5760 Wh.

EL IMPACTO DE LAS BATERÍAS

Extracción minera y la ilusión del reciclaje

En una instalación solar las baterías son la parte más crítica, la más cara y la de mayor impacto ambiental. Estas necesitan materias primas no renovables como el litio, un ejemplo flagrante de cómo su uso ha seguido un crecimiento exponencial a la par que el de los aparatos eléctricos (teléfonos, ordenadores, vehículos, patinetes, escúters, etc.). Los metales con los que se hacen las baterías (plomo, litio, níquel, etc.) se extraen de minas con procesos contaminantes y muy voraces de energía. La sostenibilidad de estas explotaciones está lejos de estar garantizada, algunos estudios incluso predicen dificultades de suministro ¡para antes de 2030! en el caso del cobalto y el níquel[16].

La mayoría de estos minerales proceden de reservas que probablemente se agotarán a lo largo de este siglo[17] y, a pesar de las promesas de reciclaje, que en teoría, permitiría reutilizarlos infinitamente, solemos olvidar que estos procesos también consumen energía (lo que conlleva más emisiones de CO_2), y con un resultado que, a día de hoy, está muy lejos de ser el ideal (de 60 metales, 34 tienen una tasa de reciclaje inferior al 1 %)[18]...

La importancia del mantenimiento

Para minimizar el desgaste de las baterías deberemos respetar sus ciclos de carga y descarga. Ocasionalmente tendremos que hacerles un mantenimiento, y asegurarnos de que siempre se respeta su límite máximo de descarga. En general, no toleran temperaturas extremas y se habrán de instalar en una estancia fresca y ventilada.

Así pues, conviene pensar detenidamente en sus requerimientos y tener presente la regla que vimos en el capítulo 6: ante todo reducir nuestras necesidades energéticas, especialmente durante la noche.

No obstante, en instalaciones aisladas, casas no conectadas a la red, furgoneta, caravana, minicasa, etc., las baterías suelen ser imprescindibles.

Tipos de baterías

Afortunadamente, no todas las baterías están en el mismo barco en términos de impacto ambiental, y aunque la batería de iones litio destaca en el mercado por su rendimiento, es interesante echar un vistazo a sus primas menos conocidas.

Tened en cuenta de todos modos que es muy difícil, si no imposible, obtener análisis comparativos rigurosos de los diferentes tipos de baterías y sus impactos, desde la extracción del mineral hasta el reciclaje y el proceso de fabricación... Mi opinión es pues enteramente personal, y merecería ser corroborada por un estudio de impacto riguroso... ¡Al buen entendedor!

BATERÍA PARA COCHE DE PLOMO

Salvo que seáis muy manitas y queráis reciclar, no os recomiendo las baterías de plomo para coche que, simplemente, no se adaptan a nuestras necesidades.

La batería de arranque de un vehículo está diseñada para ofrecer una intensidad alta en un tiempo muy corto, es una velocista, mientras que nuestras necesidades se asemejan más al rendimiento de un corredor de maratón, entregando una intensidad de baja a media durante un tiempo muy largo, para lo que se usan baterías de tipo estacionario.

BATERÍAS OPZS Y OPZV

Son también baterías de plomo-ácido. Son muy eficientes y muy interesantes para energías renovables. La versión OPzS tiene un electrolito líquido, mientras que OPzV es una versión en gel.

Tienen una vida media de 10 a 15 años, si se hacen descargas poco profundas del 30%.

El coste inicial es relativamente elevado, son baterías voluminosas y requerirán un local técnico adecuado.

LA BATERÍA DE GEL DE PLOMO O PLOMO-CARBONO

Al igual que la batería del coche, es una batería de plomo, pero diseñada para ofrecer un esfuerzo más largo y constante.

La batería de gel de plomo es probablemente la que tiene un menor coste inicial.

La batería de gel de plomo permite una descarga máxima del 30%, y del 50% la de plomo-carbono, con una vida media de 4-5 años, si se respetan las condiciones de uso.

Al tratarse de un diseño relativamente simple, la batería de plomo-ácido es más fácil de reciclar. Algo suficientemente inusual como para llamarnos la atención: en Europa se reciclan casi el 100% de las baterías de plomo.

LA BATERÍA DE LITIO

Por su eficiencia es la reina de las baterías solares, permite almacenar el máximo de energía en un menor volumen, y se pueden hacer descargas profundas, hasta el 80% de la capacidad de la batería. También es una de las más caras de adquirir. Sin embargo, su vida útil relativamente larga (alrededor de 10 años), la hace relativamente

La mayoría de estos minerales depende de reservas que se podrían agotar en un siglo.

59

económica si comparamos su precio con su vida útil.

La batería litio soporta mal el frío, así que tendremos que asegurarnos de ponerla en un local donde las temperaturas no bajen de cero. Aunque es difícil obtener datos sobre el sector del litio, podemos considerar razonablemente que la extracción del mineral, su fabricación y su complicado[19] reciclaje las convierten en unas de las más dañinas para el medio ambiente.

Deberíamos reflexionar sobre su uso incluso más que con los otros tipos de baterías, y valorar bien todas las alternativas.

LA BATERÍA NIFE

Mucho menos conocidas y más difíciles de conseguir, son sin embargo las baterías más antiguas, fueron patentadas por Thomas Edison a principios del siglo XX. Presentan algunas desventajas, en particular su coste de compra, su peso y su volumen, pero tienen una gran ventaja: una vida útil de 30 años, o incluso más si se respetan las condiciones de uso. También es resistente a picos de voltaje y de temperatura y puede soportar descargas del 50 al 80%.

Su vida útil, robustez y fácil reciclaje, la convierten en una clara candidata a ser la batería menos contaminante.

Ejemplo de un banco de baterías NiFe, una solución interesante si no tenemos problemas de espacio.

¿Hacer tu propia batería de litio?

Como las baterías de litio han invadido literalmente nuestros dispositivos, resulta muy fácil recuperarlas en buen estado de funcionamiento. Por ejemplo, los que reparan ordenadores, os podrían proporcionar las baterías que guardan para reciclar. Al desmontarlas y probarlas una a una, comprobaréis que aunque estén destinadas al vertedero, gran parte de ellas todavía se encuentran ¡al máximo de sus capacidades!

Si eres un poco mañoso, podrás ir recuperándolas para diseñar y montar tu propio acumulador de litio reciclado.

Si os interesa esta posibilidad, encontraréis muchos tutoriales en Internet, yo os recomiendo el libro (en inglés) *DIY Lithium Batteries: How To Build Your Own Battery Packs*[20], o el artículo en francés « Batterie lithium artisanale » de Barnabé Chaillot.[21]

Pero tened cuidado, la manipulación de baterías de litio no está exenta de peligros. Es necesario proceder con precaución para evitar cualquier riesgo de incendio o explosión.

LA RED ELÉCTRICA

En España tenemos la suerte de disponer de una red de transporte y distribución de electricidad muy desarrollada, robusta y de gran calidad... Esto nos puede parecer que es lo normal, pero está lejos de ser el caso en muchos países del mundo.

Esta red es tanto más valiosa en cuanto que es pública, lo que significa que generaciones de españoles han trabajado para financiarla y que nuestros impuestos permiten hoy mantenerla y desarrollarla...

Sabiendo esto, y que las baterías presentan una serie de inconvenientes, parece natural poder utilizar nuestra red cuando sea posible.

En este caso se trata de conectar vuestra instalación fotovoltaica a la instalación eléctrica doméstica, que a su vez está conectada a la red de distribución nacional REE.

En este caso será esta la que desempeñe el papel de « almacén de energía »: el excedente de producción se verterá a la red durante el día y se recuperará cuando la instalación solar ya no produzca lo suficiente. Es lo que se conoce como « autoconsumo ».

Algunos proveedores de energía, están ofreciendo un sistema de « batería virtual » en el que la red funciona de hecho como un almacén para vuestra instalación.

Pero también es perfectamente viable combinar las dos soluciones, baterías y conexión a la red, para beneficiarse de las ventajas de ambas y poder optimizar cada modo de funcionamiento.

9

Equipos necesarios

No olvidemos que nos embarcamos en una instalación que debe tener un vida útil lo más longeva posible, al menos 30 años, así que es importante elegir equipos de calidad y lo más duraderos posible.

En mi caso, como en el de muchos otros, me suelo inclinar por el material de la marca holandesa Victron Energy que cuenta con una gama muy completa de equipos robustos y de calidad. Existen otras conocidas marcas y de muy buena calidad como la francesa Unitech, la Austriaca Fronius, la Suiza Studer o la Alemana Steca.

REGULADOR

El regulador MPPT (Maximum Power Point Tracking) es un pequeño aparatito que se ha de instalar entre los paneles y el grupo de baterías. Como los paneles generan la tensión de carga de manera continuada, este equipo se encarga de regular la corriente que les llega a las baterías para respetar sus características de carga, evitando también las descargas profundas que podrían acabar dañándolas.

INVERSOR-TRANSFORMADOR

El inversor, también llamado convertidor, transforma la corriente continua de las baterías y los paneles en corriente alterna de 230 V, que es la que utilizan la mayoría de los aparatos eléctricos.

El inversor, al igual que el regulador, se ha de elegir en función de las características de la instalación: potencia máxima, intensidad de carga y tensión.

Si optáis por instalar un inversor, tendréis que tener en cuenta el propio consumo de este al hacer los cálculos de dimensionado (generalmente unos pocos vatios), y su eficiencia (en torno al 80-90%).

Así que la instalación solar y sus baterías deberán estar ligeramente sobredimensionadas para cubrir el exceso de energía consumida por el inversor.

Por otra parte, en un sistema diseñado para 230 V, el inversor funcionará constantemente. Se trata de un equipo relativamente complejo que puede sufrir numerosas averías, y su uso intensivo puede hacer que su vida útil se reduzca más de lo esperado: entre 5 y 10 años ya es un buen rendimiento para este tipo de equipos, aunque algunos puedan llegar a los 12 o 13 años de uso. Su reparación suele resultar compleja y normalmente será mejor sustituirlos.

Este es el motivo por el que puede resultar interesante, siempre que sea posible, quedarse con una red de corriente continua de 12, 24 o 48 V. En este caso ya no necesitaríais el inversor, tan solo un pequeño convertidor auxiliar que activaríais a demanda cuando fuera necesario.

Inversor autónomo/ inversor de red

Dependiendo de si habéis elegido crear un sistema autónomo con baterías, o un sistema conectado a la red doméstica y la pública, el modelo de inversor requerido cambiará. Es importante comprobar en sus características si es o no apto para instalaciones aisladas (no conectadas a la red).

Inversores centrales/ microinversores

El inversor central es el más común. Como su nombre indica, se trata de un único equipo al que se conectarán todos los paneles.

Los microinversores más actuales se están haciendo cada vez más populares. Van instalados en cada panel y permiten el suministro de corriente alterna de 230 V

a la salida de estos. Actualmente todavía no son adecuados para instalaciones independientes, pero deberían serlo pronto.

CABLES

Para calcular la sección de cada cable, os recomiendo encarecidamente que elaboréis un esquema de vuestra instalación, que además os será útil a lo largo de todo el proceso de construcción.

En este diagrama representaréis los cables y su longitud, lo que os permitirá calcular sus secciones.

Así es, dependiendo de la intensidad de corriente máxima que circula por cada cable y de su longitud, se ha de respetar un diámetro mínimo del mismo para que no se caliente demasiado, es decir, para que no haya demasiadas pérdidas. Es muy importante seleccionar las secciones de cable correctas para evitar cualquier riesgo de incendio.

Para hacerlo, y según sea vuestra «escuela», podéis elegir entre consultar las tablas de secciones de cables que hay en los libros técnicos o en Internet, o utilizar una aplicación como «Victron Toolkit» en la que, una vez introducidos los parámetros, os dirá la sección de cable que se ajusta a estos.

El cable que conecta los módulos fotovoltaicos con el resto del equipo estará expuesto directamente a los rayos UV y a las inclemencias del tiempo durante décadas, así

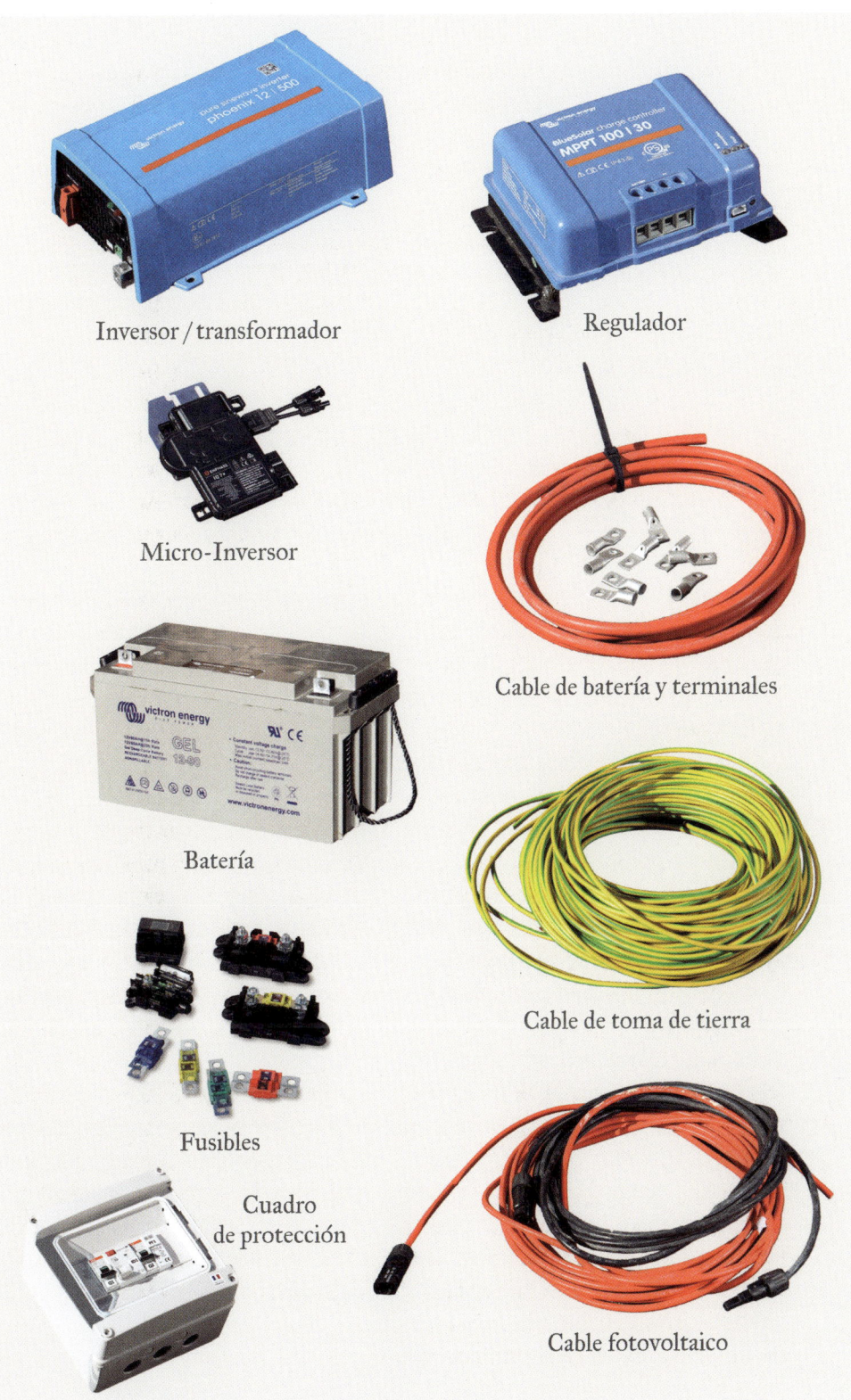

Inversor / transformador

Regulador

Micro-Inversor

Cable de batería y terminales

Batería

Cable de toma de tierra

Fusibles

Cuadro
de protección

Cable fotovoltaico

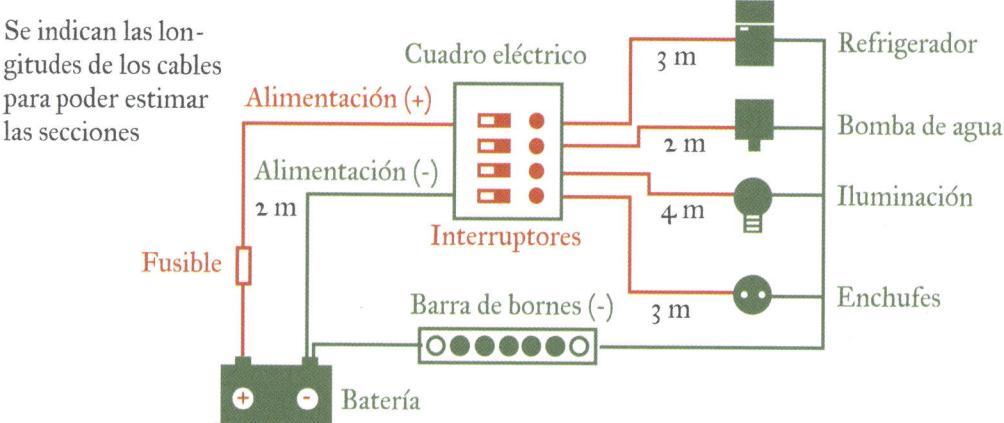

Se indican las longitudes de los cables para poder estimar las secciones

que tendréis que elegir un cable de calidad adecuada llamado « cable solar ». Si os es posible, no dudéis en protegerlo aún más con una canaleta *ad hoc*.

Estos cables se conectan entre sí con unos terminales, generalmente del tipo « MC4 » que ya vienen con los paneles.

Los cables que conectan las baterías entre sí tendrán una sección mayor porque transportan una mayor corriente. Son los mismos que en las baterías de los vehículos. Deben tener terminales de conexión en ambos extremos, y los podéis comprar con estos ya instalados o instalarlos vosotros mismos (siempre que tengáis las tenazas para crimpar adecuadas... o en caso contrario un mecánico os podría ayudar).

Por último, el cable de tierra (verde-amarillo, de 10 mm² en general)

conectará todos los equipos entre sí y a tierra para proteger la instalación contra fallos en el aislamiento.

FUSIBLES, DISYUNTORES, INTERRUPTORES
Los fusibles y disyuntores

Se instalan en circuitos de corriente continua de 12 V-48 V, los disyuntores son el equivalente a los de la red alterna de 230 V. Su función es la de « saltar » en caso de avería para no dañar al resto de equipos .

Una vez calculadas las secciones de los cables, deberéis elegir los fusibles y disyuntores para una corriente inferior a la corriente máxima que estos puedan soportar, pero superior a la corriente de funcionamiento de los aparatos eléctricos.

El disyuntor diferencial

Para la sección a 230 V de la instalación, como en cualquier instalación doméstica, necesitaréis instalar uno o varios disyuntores diferenciales de 30 mA, imprescindibles para proteger a las personas contra el riesgo de electrocución. Estos cortarán el circuito de 230 V si detectan un cortocircuito.

Este cuadro es el que garantiza vuestra seguridad, ¡no corráis ningún riesgo! Si tenéis la más mínima duda os recomiendo que pidáis a vuestro proveedor que os facilite un cuadro de protección listo para instalar, o que busquéis el asesoramiento de un electricista cualificado. Así aseguraréis que vuestra instalación cumpla con los estándares de seguridad y que está libre de riesgos. Los cuadros también han de contar con protección contra sobretensiones que protejan al equipo en caso de tormenta.

El Interruptor seccionador

Se han de instalar después de las fuentes de corriente (paneles y baterías), para aislarlas y así poder trabajar en ellas con seguridad.

KIT DE SUJECIÓN

Si vamos a hacer la instalación en el tejado necesitaremos este kit que ancla los paneles a la estructura del edificio. Existe una gran cantidad de kits adaptados a todo tipo de tejados, y encontraréis el que necesitéis entre los proveedores de equipos fotovoltaicos.

ESTRUCTURA

La estructura que soportará los paneles es un proyecto independiente que no requiere conocimientos relacionados con la energía solar y la electricidad.

Cada uno podrá diseñar o comprar su estructura según sus preferencias, por lo que no entraremos

Kits de fijación   Panel fotovoltaico

aquí en los materiales requeridos, que variarán dependiendo de si es una estructura de madera, de acero, sobre el suelo, en el techo, prefabricados, etc. (a ver en el siguiente capítulo).

OTROS EQUIPOS OPCIONALES

Puede resultar interesante instalar uno o varios aparatos de medida y displays (controlador de batería, voltímetro, amperímetro, etc.) para verificar fácilmente el estado y funcionamiento del sistema.

En el caso de un vehículo camperizado (furgoneta o autocaravana), puede resultar interesante instalar un interruptor/acoplador que permitirá recargar las baterías desde el alternador del motor.

Por último, hay quienes recomiendan la instalación de un protector de batería para evitar cualquier descarga profunda que pueda dañarla.

HERRAMIENTAS

Se necesitarán muy pocas herramientas específicas:
- vatímetro o medidor de potencia
  (opcional, ved el capítulo 5)
- multímetro
- llaves MC4
- destornilladores aislados
- alicates de corte
- alicates pelacables
- llaves
- nivel
- taladro percutor

Ahora deberías tener una lista completa del equipo que vas a necesitar... ¡Solo queda comprarlo!

LA COMPRA DEL MATERIAL
Los proveedores

Una vez recogidas en una tabla las cantidades definitivas, ya podréis pasar el pedido a los proveedores especializados.

El hecho de construir una estructura puede necesitar de un proyecto de obras ante el ayuntamiento, pero la mayoría de las CCAA españolas han eliminado la licencia de obras para el autoconsumo fotovoltaico. Los proveedores no dudarán en dedicaros el tiempo necesario al teléfono para responder a vuestras preguntas. Tomaos el tiempo de hablar con ellos para afinar aún más vuestra elección y corregir cualquier error de diseño. Pedidles consejo especialmente sobre la elección del inversor y del regulador más adecuados. Así podrán ofreceros un kit apropiado y listo para instalar.

Pensad también en las compras de ocasión

También podéis comprar los equipos por separado, lo que os permitirá, por ejemplo, abasteceros de los fabricantes de equipos europeos. Es una opción que abre la puerta a utilizar mi solución favorita: wallapop o milanuncios o equipos de segunda mano.

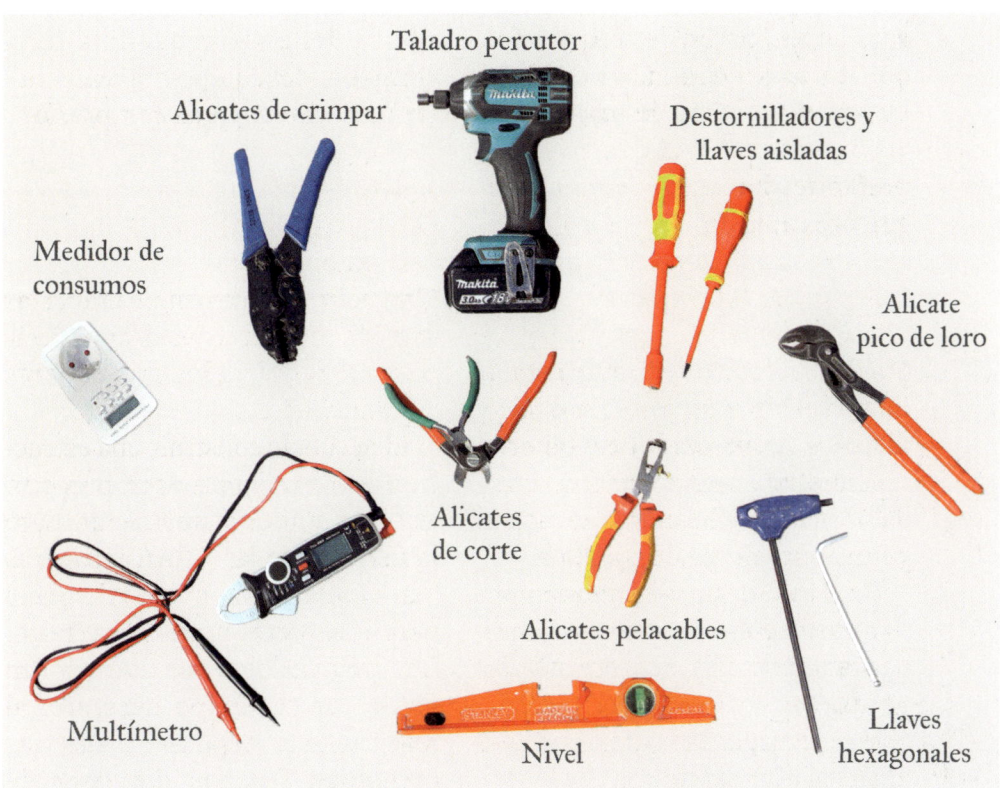

Taladro percutor

Alicates de crimpar

Destornilladores y
llaves aisladas

Medidor de
consumos

Alicate
pico de loro

Alicates
de corte

Alicates pelacables

Multímetro

Nivel

Llaves
hexagonales

El mercado de segunda mano está repleto de paneles, inversores y reguladores en venta a precios muy atractivos. Los paneles tienen una vida útil mínima de 30 años, por lo que siguen en buen estado de funcionamiento aunque ya tengan algunos años. Eso sí, prestad atención a que sean de silicio, los otros tipos de paneles que no hemos comentado suelen tener más desventajas, sobre todo en cuanto a rendimiento y reciclaje. Los módulos usados deberíais probarlos bajo la luz solar directa con un multímetro para verificar que siguen dando su voltaje de funcionamiento.

En lo que respecta a reguladores e inversores, también existen muy buenas oportunidades. Sin embargo, estos equipos tienen una vida útil más limitada (de 5 a 15 años según el modelo) y una electrónica más compleja, por lo que es necesario informarse sobre su antigüedad y el estado de estos productos antes de adquirirlos.

Con un poco de práctica, el mercado de segunda mano bien podría convertirse en vuestra opción preferida, reduciendo mucho las necesidad de nuevos equipos.

10

La estructura

Siempre que se tengan en cuenta las sombras y la regla de la inclinación, los paneles se pueden colocar prácticamente en cualquier sitio: en el suelo, en un tejado existente o incluso en un cobertizo construido ex-profeso. En el caso más sencillo solo tendréis que instalar un kit prefabricado y en los más ambiciosos, hacer un poco de carpintería y estructura vosotros mismos, o encargarla a vuestro artesano favorito.

El hecho de construir una estructura puede necesitar de proyecto de obras ante el ayuntamiento, pero la mayoría de las CCAA españolas han eliminado la licencia de obras para el autoconsumo fotovoltaico.

INSTALACIÓN EN EL TEJADO

Resulta bastante lógico instalar paneles solares en el tejado: así evitamos ocupar más espacio. Además, los tejados tienen una inclinación adecuada y con mucha frecuencia, una vertiente orientada al sur.

Tanto si vuestro tejado es de tejas, como pizarra o de cualquier otro revestimiento, habrá un kit de fijación adecuado a vuestras necesidades. El principio es sencillo: los anclajes, que se deslizan bajo las tejas o pizarras, se fijan a las vigas del tejado. Estos anclajes soportarán a su vez unos rieles paralelos sobre los que se fijarán los paneles.

Levantamos las tejas para fijar el soporte a la estructura. Una vez colocados los soportes y repuestas las tejas, solo queda instalar los rieles y los paneles.

Si aún no existe, construimos la estructura que soportará los paneles.

Fijamos los soportes de los rieles a la estructura y luego los raíles a los soportes.

Fijación de los raíles.

Colocación de los paneles sobre el raíl.

Los paneles ya están fijados, la instalación está terminada.

Una pequeña instalación solar es una buena excusa para renovar la caseta del jardín. La pendiente del tejado está optimizada para la producción solar.

COBERTIZOS Y PORCHES SOLARES

La instalación de paneles solares puede convertirse en una oportunidad para construir una pequeña caseta para el jardín, que buscaremos ubicar en el lugar ideal para los paneles.

A diferencia de como se haría para un cobertizo clásico, esta vez comenzaréis eligiendo el tamaño del techo en función de la superficie de paneles a instalar, y a partir de este diseñaréis el resto de la construcción. Una cubierta de acero y un kit de fijación adecuado permitirán sujetar vuestros paneles.

SOBRE EL SUELO

Si tenéis suficiente terreno, lo más sencillo es colocar los paneles sobre una pequeña estructura diseñada para que tenga la inclinación óptima. Así los paneles siempre serán accesibles, fáciles de limpiar y de mantener cuando haga falta.

Bastará con una pequeña estructura de maderas sobre la que colocar directamente los paneles. Para los cimientos poned unos bloques de hormigón, o unos anclajes metálicos, de modo que la madera de la estructura no toque tierra y quede a salvo del agua.

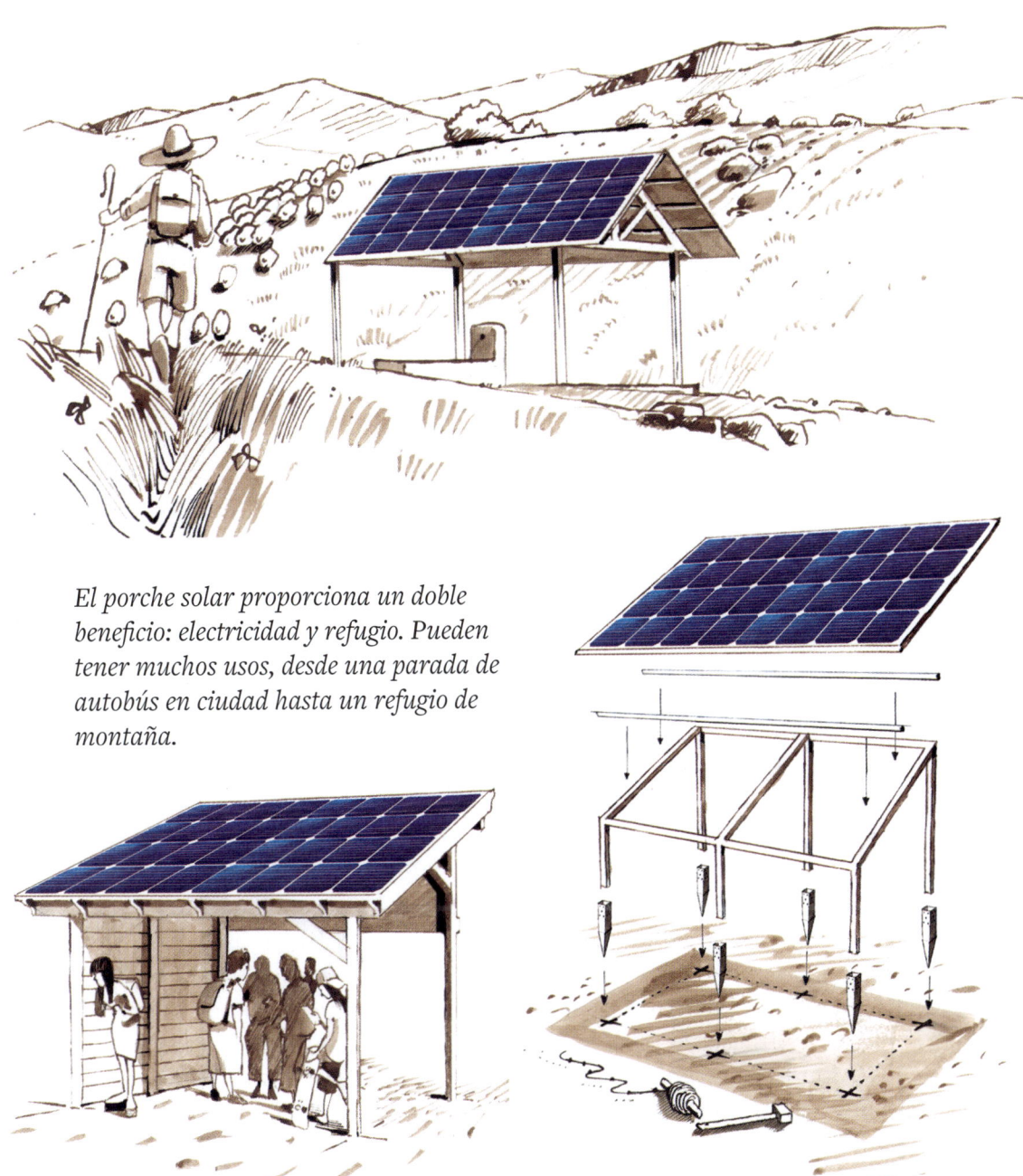

El porche solar proporciona un doble beneficio: electricidad y refugio. Pueden tener muchos usos, desde una parada de autobús en ciudad hasta un refugio de montaña.

Ejemplo de estructura autoconstruida para instalación de paneles en el suelo.

ESTRUCTURAS LASTRADAS

Existen estructuras de suelo listas para instalar. Simplemente se han de colocar, llenar con lastre y luego fijar los paneles. Esto tiene la ventaja de ofrecer una instalación portátil que se puede mover fácilmente si es necesario.

Ejemplo de estructura anclada por lastre. Los contenedores están llenos de arena o escombros para sujetar la estructura.

Los paneles se suelen colocar en plano sobre el techo de los vehículos.

SOBRE UN VEHÍCULO O EMBARCACIÓN

Los paneles flexibles suelen presentarse como la solución ideal para usos móviles, pero tienen el inconveniente de calentarse rápidamente, perdiendo así eficiencia y vida útil.

Siempre que os sea posible, os aconsejo que elijáis un módulo clásico sujeto sobre perfiles directamente anclados al tejado, que mantendrán el módulo plano y dejarán pasar una pequeña corriente de aire por debajo del panel, refrescándolo y mejorando su rendimiento.

Si queréis que el panel se incline cuando estáis parados, deberéis construir un pequeño mecanismo simple e ingenioso para levantarlo... os podéis inspirar en los numerosos ejemplos existentes en los foros de Internet.

11

Instalaciones solares : de la más simple a la más completa

Ya estamos listos para pasar a la instalación de nuestra micro planta fotovoltaica.

Distinguiremos tres tipos principales de proyectos:
- con o sin almacenamiento,
- de corriente continua o de corriente alterna,
-aisladas o conectadas a la red.

El caso de la conexión a red es el más delicado porque se ha de ajustar al marco legal que regula el « autoconsumo », estando obligados a respetar algunas normas definidas por el gestor de la red.

Atención, todos estos trabajos conllevan graves riesgos de electrocución. Siempre se debe trabajar de forma segura utilizando equipos de protección y herramientas aisladas, y asegurándonos de que todas las fuentes potenciales de corriente se han desconectado. Esto es aún más importante en el caso de instalaciones de autoconsumo porque están conectadas a la red

doméstica preexistente. En este caso debemos bajar el disyuntor general de la compañía para que no pueda circular nada de electricidad por vuestros circuitos.

Si tenéis la más mínima duda, podéis preparar toda la instalación y pedir a un profesional que realice las conexiones finales y la puesta en marcha.

Empecemos por el caso más sencillo, aunque también el menos habitual: la instalación de uno o más paneles, sin conexión a la red ni almacenamiento.

INSTALACIÓN SIN CONEXIÓN A RED NI BATERÍAS

En este caso, la electricidad fluye directamente del panel al sistema que va a hacer uso de ella, sin intermediarios, algo que solo resulta adecuado para aquellos usos que puedan hacerse «al ritmo del sol». Los más habituales son los bombeos solares, los ventiladores de invernadero, los secaderos, una nevera portátil, o incluso un molino de harina artesanal...

El sistema funcionará de forma completamente autónoma y solo cuando haya suficiente luz solar.

Un bombeo solar se compone de paneles, una bomba y depósitos.

Por ejemplo, en el caso de un bombeo solar y siempre que el sol lo permita, se irá llenando un depósito en altura desde el que podremos regar en cualquier otro momento del día.

Los equipos utilizados podrían conectarse directamente a los paneles solares, pero para evitar variaciones excesivas en el voltaje, os recomiendo instalar un regulador de bombeo o un conversor DC-DC entre el equipo y el panel. Este último se encargará de proporcionar un voltaje constante al equipo conectado.

Construcción

1. Instalad el panel y la bomba.
2. Instalad el regulador y sus protecciones (fusibles e interruptores - seccionadores).
3. Conectad el regulador a la bomba y después al panel.
Las entradas y las polaridades se indican en el propio regulador, poned atención en no invertirlas.

¡Y ya está! Ya podéis accionar el interruptor y poner en marcha la instalación.

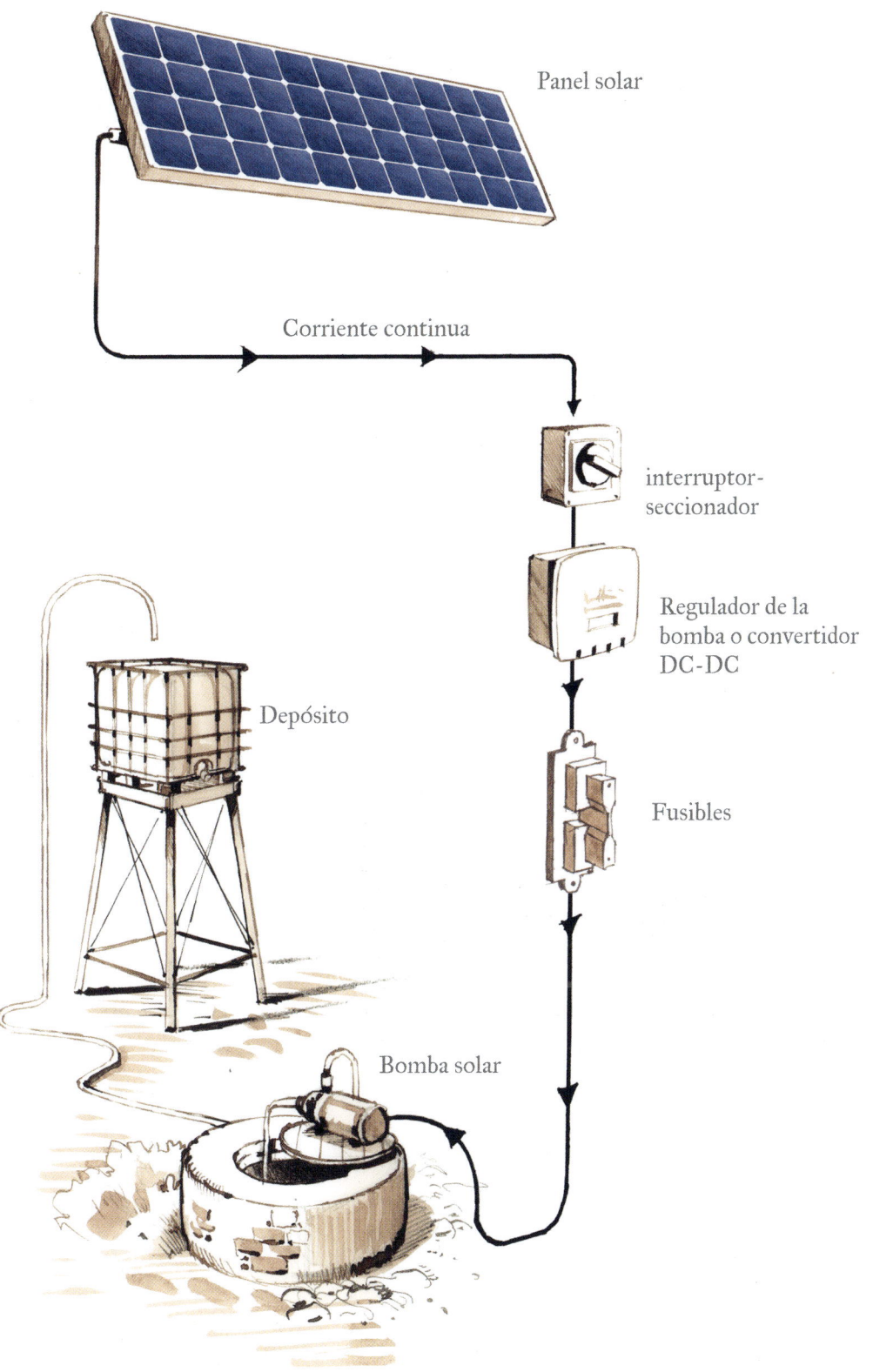

Panel solar

Corriente continua

interruptor-
seccionador

Regulador de la
bomba o convertidor
DC-DC

Fusibles

Depósito

Bomba solar

81

AÑADAMOS ALMACENAJE

Si habéis decidido conectaros a vuestra red doméstica y no vais a instalar baterías, podéis pasar directamente a la última sección de este capítulo.

Con la instalación realizada en el apartado anterior de este capítulo, ya disponemos de un medio para producir corriente continua de muy bajo voltaje. Ahora vamos a agregarle capacidad de almacenamiento (a 12, 24 o 48 V).

El regulador de carga que hemos de instalar aquí no es el mismo que el regulador de bomba del apartado anterior, por lo que habrá que sustituirlo por un modelo adaptado a la carga de baterías, cuyas características (Voltaje e Intensidad) se correspondan con las de vuestra instalación.

El peso de las baterías puede dificultar su traslado y necesitaremos izarlas.

Montaje

Para hacerlo necesitaréis:
1. Poner la o las baterías en un lugar estanco y bien ventilado y, si es el caso, conectarlas entre sí.
2. Colocar un regulador solar y cablear su salida hasta los enchufes o equipos de 12-24-48 V, sin olvidar protegerlos con los fusibles adecuados.
3. Poner un fusible de suficiente intensidad y un disyuntor entre las baterías y el regulador.
4. Conectar el cable de tierra (verde-amarillo) al chasis de los paneles, al regulador y a la piqueta de la toma de tierra.
5. Conectar las baterías al regulador.
6. Y para terminar, conectar el o los paneles al regulador.

¡Y aquí tenéis una instalación solar autónoma lista para usar! Esta no contará con un suministro de corriente alterna a 230 V, pero la mayoría de aparatos y equipos también están disponibles en corriente continua, así que resulta perfectamente factible prescindir de ese tipo de instalación, reduciendo con ello la complejidad y los costes de montaje.

Esta suele ser la opción elegida para las pequeñas instalaciones autónomas en vehículos, barcos o minicasas.

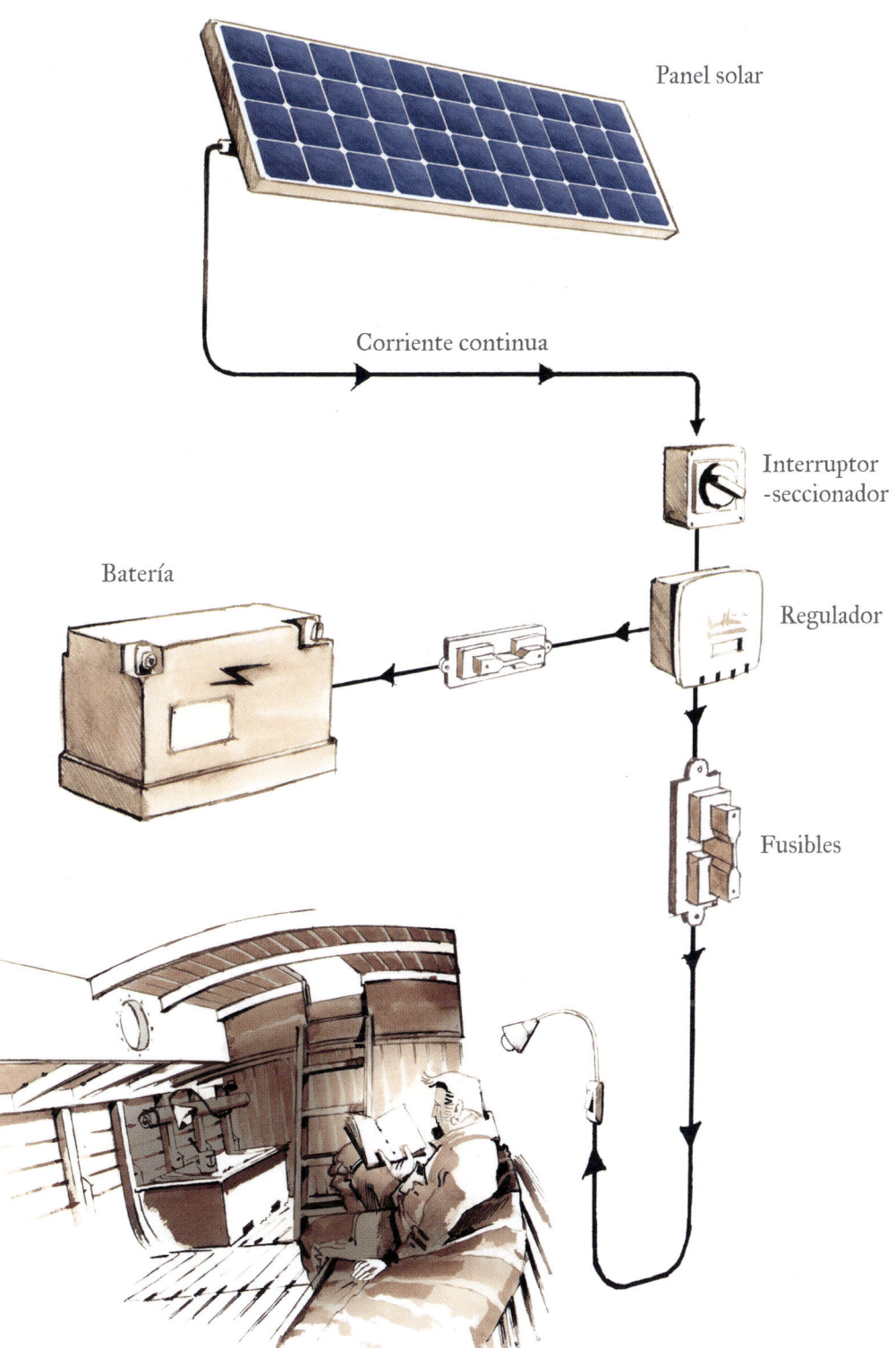

Panel solar

Corriente continua

Interruptor
-seccionador

Batería

Regulador

Fusibles

83

AÑADAMOS LOS 230 V

La mayoría de nuestros equipos y electrodomésticos utilizan corriente alterna de 230V (la corriente de la red). Si queremos que funcionen con nuestro sistema fotovoltaico deberemos instalar un inversor o convertidor que nos permita obtener esta corriente alterna de 230 V a partir de la corriente continua producida por los paneles y almacenada en las baterías.

Por tanto, necesitaremos añadir un inversor para pasar de corriente continua a corriente alterna.

Montaje

Retomemos la anterior instalación:

1. Desconectad primero los cables de los paneles y luego los de las baterías, para aislar la instalación de la corriente.

Atención: en cuanto empieza a brillar el sol la tensión e intensidad generadas por los paneles pueden volverse peligrosas para el trabajador muy rápidamente. El interruptor-seccionador permite cortar el suministro eléctrico de los paneles para poder trabajar con seguridad en el resto de la instalación.

2. Instalad el inversor cerca del regulador y las baterías. Identificad la toma de tierra del inversor y conectadla a los demás cables de tierra.

3. Cablead la red de 230 V e instalad los enchufes. También será necesario añadir un cuadro de protección con disyuntores de circuito y

Instalación del inversor que suministrará la corriente alterna.

disyuntor diferencial a la salida del inversor.

4. Conectad el inversor a las baterías y al regulador, volved a conectar las baterías y finalmente los paneles.... ¡Y ya está todo!

Existen muchos modelos de inversores y de muy diferentes tipos, y evidentemente es imprescindible seguir las instrucciones del fabricante para instalarlo correctamente.

Si no tenéis previsto conectaros a la red eléctrica de distribución ¡ya lo tenéis en el bote! Disponéis de vuestra propia fuente de energía solar, autoconstruida y ¡renovable! Es un gran paso hacia una vida más independiente y resiliente, que seguro que os proporcionará mucha satisfacción.

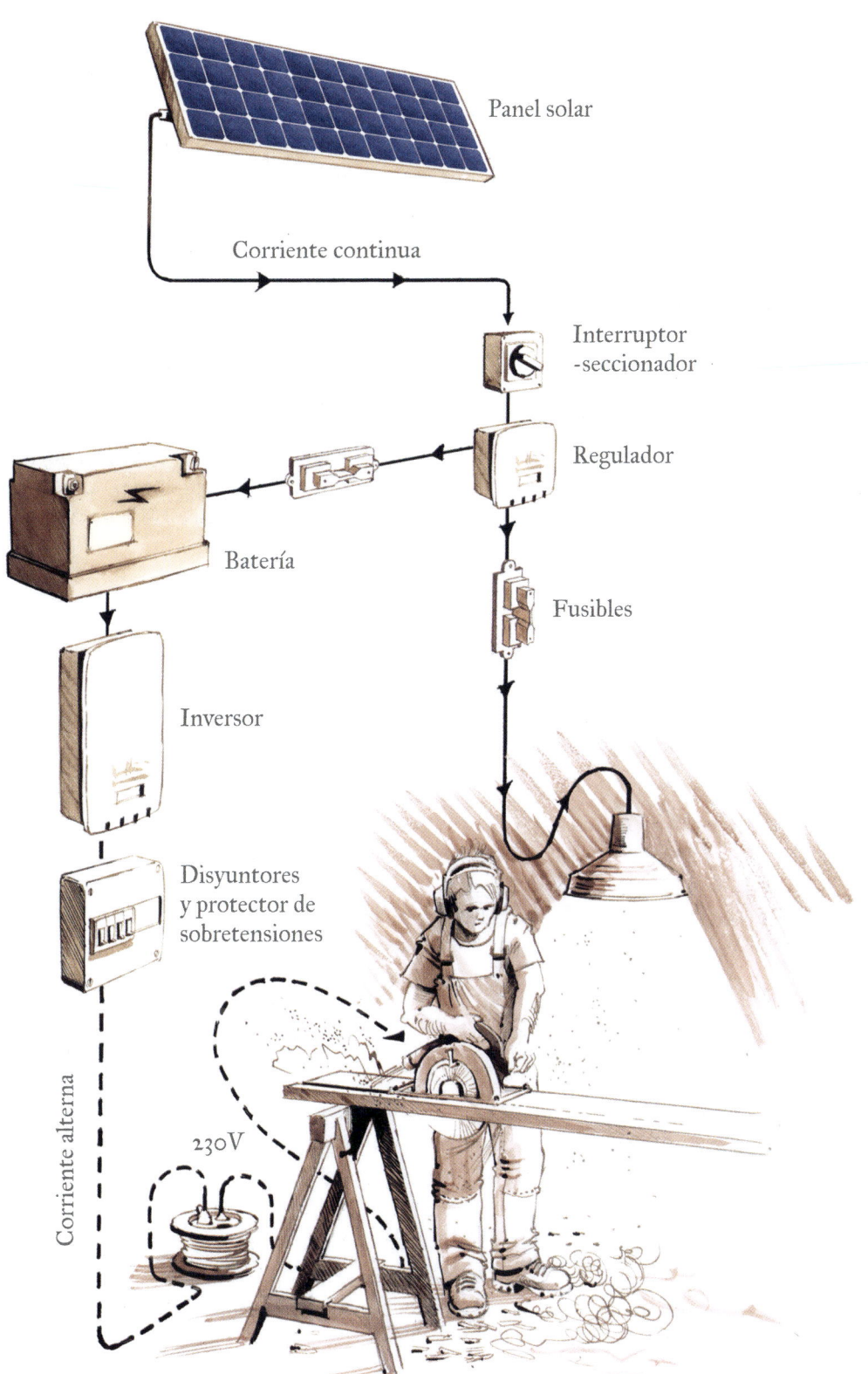

Panel solar

Corriente continua

Interruptor
-seccionador

Regulador

Batería

Fusibles

Inversor

Disyuntores
y protector de
sobretensiones

Corriente alterna

230V

CONECTARNOS A LA RED DE CASA Y A LA PÚBLICA

Como la red doméstica está conectada a la red de distribución nacional REE, entramos en el ámbito de la legislación sobre el autoconsumo, lo que implica algunas limitaciones regulativas.

Trámites administrativos

En el caso de instalaciones de menos de 100 Kw (RD 244/2019) solo se necesita la comunicación previa y el registro, pero cada comunidad autónoma tiene sus propios modelos y canales de presentación que deberéis consultar. En todos los casos se pueden compensar los excedentes vertidos a la red con los consumos que se hagan de ella, asumiendo la red la función de las baterías de una instalación aislada. Si se quiere vender el excedente se requerirán más trámites y certificaciones de la instalación.

En la web del Ministerio para la Transición Ecológica dispones de una *Guía práctica para convertirse en autoconsumidor en 5 pasos.*

Por último, en el caso de que queráis revender el excedente de energía, la instalación deberá realizarla un electricista profesional cualificado que os proporcionará el boletín para certificar la instalación.

En todo caso, la instalación deberá cumplir el Reglamento Electrotécnico para baja tensión (REBT). Y más específicamente las Instrucciones Técnicas Complementarias BT-40 (ITC-BT-40) que regulan las instalaciones generadoras como la solar fotovoltaica (ved en la web www.plcmadrid.es, encontraréis el REBT completo y comentado).

Montaje

Podemos retomar el esquema anterior y...

1. Reemplazar el inversor por un inversor híbrido.

Este funciona tanto con el sistema aislado como conectado a la red. Si no tenéis almacenamiento os bastará con un inversor de red. Muchas instalaciones de autoconsumo utilizan microinversores de 230 V en la salida del panel fotovoltaico, que suministran corriente alterna. La salida del inversor se conectará al cuadro de protección, que a su vez estará conectado directamente al cuadro eléctrico general de la casa.

2. Conectad a tierra los equipos que lo requieran.

3. Conectad la salida del inversor al cuadro de protección (disyuntor y protección de sobretensiones).

4. Conectad este cuadro al cuadro eléctrico de la casa.

Las entradas de corriente de vuestra instalación solar y la de la red están conectadas en paralelo en el cuadro eléctrico general. Tendrá prioridad el consumo de la producción solar, y el excedente se verterá a la red.

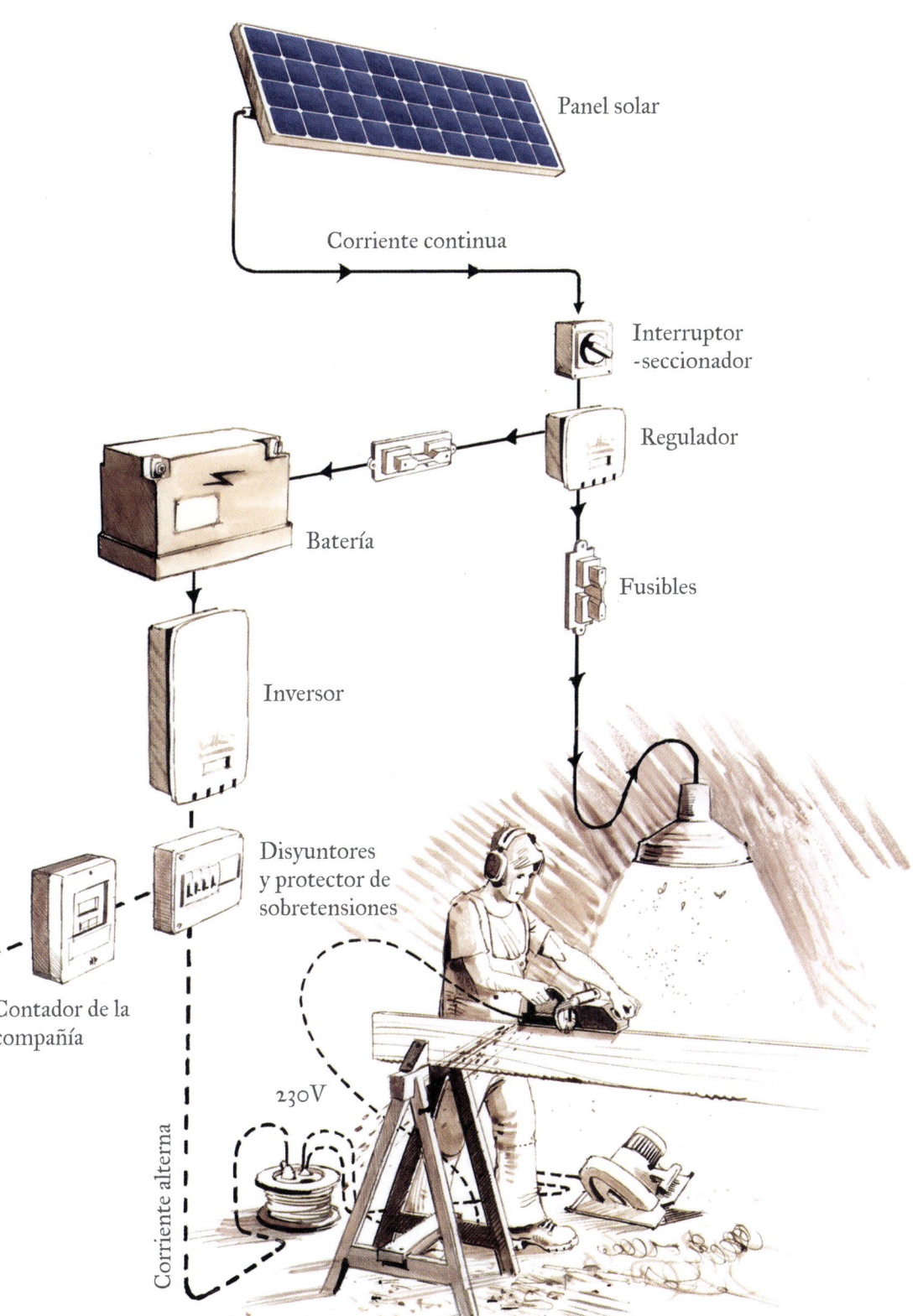

Panel solar

Corriente continua

Interruptor
-seccionador

Regulador

Batería

Fusibles

Inversor

Disyuntores
y protector de
sobretensiones

Contador de la
compañía

230V

Corriente alterna

*Una vez construida la estructura, se ha de marcar su ubicación,
para situar las fijaciones de los futuros paneles.*

*Una mano amiga siempre es bienvenida cuando llega el momento
de izar los paneles al techo.*

Al instalarlos iremos comprobando la alineación de los paneles.

En el caso de una instalación conectada a la red que cuente con micro-inversores, estos se fijan a los rieles antes de instalar y conectar los paneles.

Los trabajos en altura pueden requerir equipos de seguridad específicos como cuerdas y arneses.

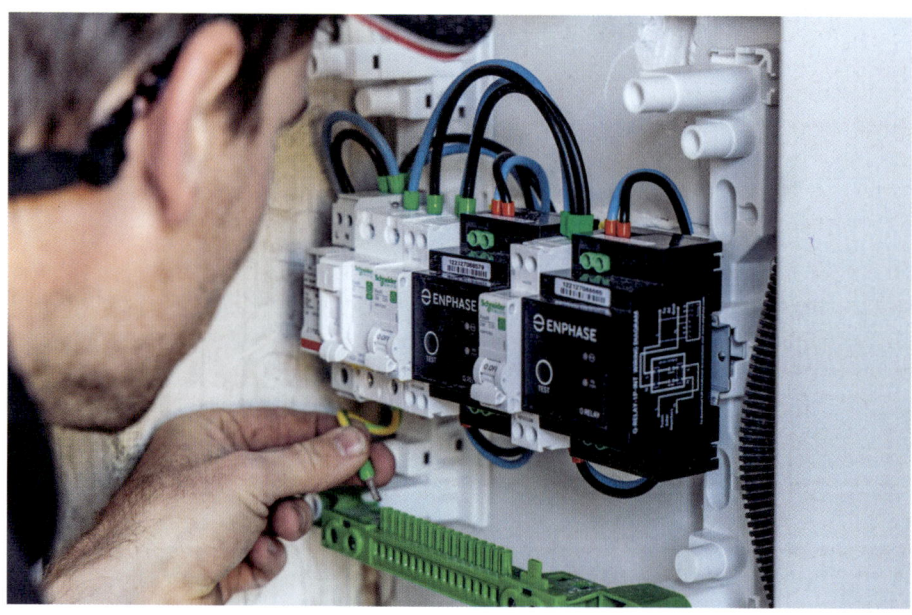

Si se trata de una instalación de autoconsumo, instalaremos un cuadro eléctrico de protección con disyuntores y protector de sobretensiones, antes de su conexión al cuadro general de la casa.

El inversor central está conectado a las baterías y situado en una estancia resguardada y ventilada.

12

Adaptabilidad de la instalación

La vida es demasiado corta como para tener prisa.

Henry David Thoreau

Con el transcurrir de los meses y los años usando vuestra instalación fotovoltaica, es muy probable que el consumo evolucione. Una familia que crece, una nueva actividad profesional que requiere nuevos equipos eléctricos, o simplemente cambios en las costumbres de uso. Sea el caso que sea, será muy fácil hacer que vuestra instalación evolucione a vuestro ritmo, bien modificando su configuración, bien añadiendo otros componentes a la misma.

AFINANDO LAS NECESIDADES CON LA EXPERIENCIA

También puede ocurrir que, tras un cierto tiempo de uso, y a pesar de todos los cálculos efectuados en los capítulos precedentes, os deis cuenta de que la instalación no está bien ajustada a vuestras necesidades. Esto es completamente normal, las estimaciones que habéis hecho sirven para simplificar el proceso y no representan la realidad absoluta sobre vuestro consumo de energía minuto a minuto y a lo largo del año. Para lograrlo no hay nada más valioso que la experiencia de uso a lo largo de un año. De hecho, me atrevería a decir que es, con toda probabilidad, el único modo válido de proceder: haced vuestra primera instalación ajustándola al máximo a una estimación que consideréis válida, pero evitad sobredimensionarla. Aprended a vivir con esta nueva herramienta e id haciendo pruebas cambiando los usos a diferentes horarios... Finalmente, tras un año de experiencia podréis hacer un primer balance y decidir si queréis que vuestra instalación evolucione para adaptarse mejor a los datos obtenidos de la experiencia.

Este ensayo y error requiere un poco de paciencia, pero permite optimizar el consumo y diseñar una herramienta de producción más ajustada a la realidad. También evitará los dimensionados

« de trazo grueso », por desgracia muy habituales, que dan pie a instalaciones ampliamente sobredimensionadas tanto en paneles como en baterías, solo para hacer frente a unas pocas horas al año de condiciones adversas. El enfoque que os propongo es más razonable, e implica pensar a más largo plazo, pero os permitirá obtener beneficios económicos y ecológicos, y un aprendizaje sobre el uso de vuestra nueva herramienta.

Para estas primeras fases de iniciación puede ser interesante empezar con una instalación conectada a la red, para poder ir poniendo a punto vuestra instalación sin pagar los platos rotos. Siempre contaréis con la red eléctrica para complementarla cuando haga falta. Más adelante, tras unos meses o años que os habrán permitido conocer mejor vuestro binomio consumo/producción, podréis añadir las baterías y, por qué no, desconectaros completamente de la red si lo veis interesante.

MODIFICANDO NUESTRA PEQUEÑA INSTALACIÓN

Sea cual sea el motivo para actualizar vuestra microcentral eléctrica, sabed que es muy sencillo agregar/quitar/cambiar paneles o baterías, siempre que respetéis las reglas de dimensionado que hemos ido viendo en este libro.

Si agregáis los nuevos equipos en serie, ya sean paneles o baterías, aseguraos de que tengan las mismas características que los equipos iniciales para que no haya ningún eslabón débil en la cadena.

Tan solo tendréis que comprobar que vuestro regulador y/o inversor es apto para las nuevas características de tensión y potencia.

Si no fuese el caso, revended o regalad vuestro equipo de segunda mano (para que otros puedan usarlo) e instala nuevos reguladores-inversores que sean adecuados.

Para realizar la actualización de la instalación, deberéis seguir los siguientes pasos:

1. cortad la corriente de la instalación,
2. si hace falta, reemplazad vuestro regulador y/o inversor,
3. añadid paneles y/o baterías,
4. volved a conectar la instalación.

PENSAD EN INSTALAR OTRAS FUENTES DE ENERGÍA RENOVABLE

Por último, también podéis mejorar vuestra instalación añadiendo otras fuentes de producción complementaria: un pequeño aerogenerador, que tendrá la inmensa ventaja de producir cuando el sol y los paneles desfallecen. Y si tienes la suerte de vivir cerca de un río, una pequeña turbina hidroeléctrica, que producirá de forma continua ¡durante todo el año!

13

Ejemplos
de instalaciones

La energía solar hoy en día está en auge y encontraréis muchos ejemplos de instalaciones en vuestro entorno. No dudéis en acercaros, en pedir que os dejen visitarlas y os informen sobre ellas.

Seguramente no todas se habrán diseñado buscando la sobriedad, ni serán el resultado de un cuestionamiento del consumo. Muchos se habrán construido como un gadget tecnológico, o como una inversión financiera, o incluso para compensar un exceso de consumo eléctrico…. Pero ya sabéis que detrás de la técnica se esconden diferentes visiones de la sociedad del futuro, ejemplos en los que siempre os podréis inspirar para vuestro propio diseño y construcción.

Los ejemplos que veremos en este capítulo no son solo instalaciones fotovoltaicas, son historias humanas de proyectos y la autoconstrucción. Todos ellos se inscriben en una lógica global de reducción del consumo y de reflexión sobre nuestros estilos de vida. Todos los protagonistas conocen sus proyectos hasta el más mínimo detalle, tanto sus puntos fuertes como sus defectos, porque los hay y siempre los habrá. Aceptarlo también es parte de la aventura y del cambio de lógica.

La energía solar es un tema a valorar en la autoconstrucción de una tiny house (minicasa sobre ruedas).

INSTALACIÓN AUTÓNOMA PARA UN VEHÍCULO CAMPERIZADO

Nicolas y Marion acaban de comprarse una furgoneta en la que vivirán a tiempo completo. Quieren seguir utilizando algunos de sus aparatos eléctricos y por ello están pensando en instalar paneles solares en su vehículo. Después de leer este libro, ya saben que deben comenzar por confeccionar su balance energético.

Consumo

En el pequeño espacio de una camioneta cuesta poco hacer el inventario de equipos, facilitando la tarea de rellenar su tabla de consumo:

Equipos	Potencia (W)*	Tiempo de uso diario (h/día)	Consumo de energía diario (Wh/día)
Iluminación LED (x5)	3 W x 5 = 18 W	Se considera el uso invernal, el más exigente. Mañana: 2 h, Tarde: 4 h, total 6 horas/día	108 Wh
Bomba de agua	30 W	0,2 h/día	6 Wh
Refrigerador de compresor (eléctrico)	40 W	24 h	504 Wh**
Ordenador portátil	50 W	2 h/día (1 carga completa)	100 Wh
Teléfono móvil Marion	15 W	2 h/día (1 carga completa)	30 Wh
Teléfono móvil Nicolas	10 W	2 h/día (1 carga completa)	20 Wh
Maquinilla de afeitar de Nicolas	8 W	0,25 h/día	2 Wh
TOTAL	**171 W**		**770 Wh**

* Valores indicativos para este ejemplo. Las potencias reales van indicadas en cada aparato.
** 504 Wh no sale de multiplicar 40 W por 24 h. Como ya se ha explicado en el capítulo 5, los frigoríficos no están consumiendo todo el tiempo. Los fabricantes indican tanto la potencia máxima como el consumo energético.

Como todos sus aparatos funcionan con corriente continua de bajo voltaje, deciden hacer una instalación a 12 V. Necesitarán instalar unas tomas USB para cargar sus teléfonos, y cargadores de 12 V para el ordenador y la maquinilla de afeitar de Nicolas. Los LED y el frigorífico ya funcionan con 12 V.

Tienen muy pocos equipos eléctricos, pero pueden llegar a estar encendidos todos al mismo tiempo. La demanda máxima de potencia corresponde, por tanto, a la suma de las potencias de todos estos equipos, es decir, 171W.

Como vemos, la vida en una furgoneta es fundamentalmente minimalista, por lo que les resultará complicado reducir aún más sus necesidades energéticas.

Sin embargo, se dan cuenta de que el frigorífico por sí solo representa el 65% de su consumo y quieren ver si esto se puede optimizar.

Existen varias soluciones para ellos:

- Decidir vivir sin nevera ni congelador. Es un enfoque con mucha documentación al respecto que pueden lograr fácilmente con algunas pequeñas astucias. Su necesidad total de energía baja de golpe de 770 Wh ¡a 266 Wh!
- Elegir un modelo de frigorífico o nevera que consuma menos, más reciente o de segunda mano. Por ejemplo, podrían elegir un modelo cuyo consumo diario sea inferior a 200 Wh.
- Por último, como las temperaturas invernales les permiten conservar los pocos alimentos frescos que comen, pueden optar por limitar el uso del frigorífico en invierno (haciéndolo funcionar solo durante unas pocas horas) y utilizarlo solo en verano, cuando los paneles más producen. Considerando 4 horas de iluminación al día en invierno, su necesidad total se reduciría así a 350 Wh/día.

A Nicolas y Marion les gusta mucho la limonada bien fría en verano y, de vez en cuando, un pequeño trozo de carne de un criador local, deciden no prescindir del frigorífico. Como su modelo de 40W es muy fiable, tampoco quieren cambiarlo. Por otra parte consideran que les resultará fácil mantener el frescor del frigorífico en invierno, aunque eso signifique guardar la comida fuera de la furgoneta cuando está parada. Teniendo en cuenta el ahorro energético que esto les permite conseguir, y sabiendo que siempre podrán actualizar su sistema más adelante, no lo dudan ni un segundo y deciden plantearse solo 4 horas/día con el frigorífico encendido en invierno.

Por tanto, estiman sus necesidades de producción diaria en 350 Wh.

Esta es su nueva tabla de consumos:

Equipos	Potencia (W)	Tiempo de uso diario (h/día)[1]	Consumo de energía diario (Wh/día)
Iluminación LED (x5)	3 W x 5 = 18 W	Se considera el uso invernal, el más exigente. Mañana: 2 h, Tarde: 4 h, total 6 horas/día	108 Wh
Bomba de agua	30 W	0,2 h/día	6 Wh
Refrigerador de compresor (eléctrico)	40 W	24 h/día en verano 4 h/día en invierno	84 Wh (invierno)
Ordenador portátil	50 W	2 h/día (1 carga completa)	100 Wh
Teléfono móvil Marion	15 W	2 h/día (1 carga completa)	30 Wh
Teléfono móvil Nicolas	10 W	2 h/día (1 carga completa)	20 Wh
Maquinilla de afeitar de Nicolas	8 W	0,25h/día	2 Wh
TOTAL	**171 W**		**350 Wh**

Almacenaje

Como la furgoneta obviamente no está conectada a la red, es necesario un almacenamiento en batería. Su instalación es de 12V, por lo que obtienen la capacidad de batería necesaria dividiendo su requerimiento total (350 Wh) por 12 V, lo que aproximadamente supone 29 Ah. Al estar obligados a viajar en invierno quieren tener 2 días de autonomía para los días nublados o lluviosos, lo que les da unas necesidades de almacenamiento total de 700 Wh (58 Ah).

Como las baterías Opz y NiFe son demasiado voluminosas para una furgoneta camperizada, dudan entre el almacenamiento en baterías de gel de plomo, con una profundidad de descarga del 50 % y el almacenamiento en baterías de litio, con una profundidad de descarga del 80 %.

Comparando las dos opciones, esto es lo que obtienen:

- batería de gel de plomo: tasa de descarga del 50%, lo que significa que la capacidad de la batería debe ser de al menos 116 Ah. Para dejar un pequeño margen que tenga en cuenta el desgaste de la batería con el paso de los años, barajan un modelo de 150 Ah por 300 €.

- batería de litio: tasa de descarga del 80%, por lo que pueden optar por un modelo de unos 73 Ah. Encuentran en un catálogo un modelo de 90 Ah por 1000 €.

Contienen limitaciones de espacio y peso en su vehículo, además de un cómodo presupuesto, optan por la batería de litio.

Producción

Al estar permanentemente en la carretera, a Nicolas y Marion les resulta imposible definir con precisión su radiación solar. Sin embargo, como buenos marselleses que son, consideran que ¡el Gran Norte comienza a partir de Lyon y que es poco probable que algún día crucen este límite!

También piensan que aprovecharán su movilidad para pasar el invierno en regiones más al sur, por lo que convienen en que Marsella seguirá siendo su ciudad de referencia en términos de radiación solar.

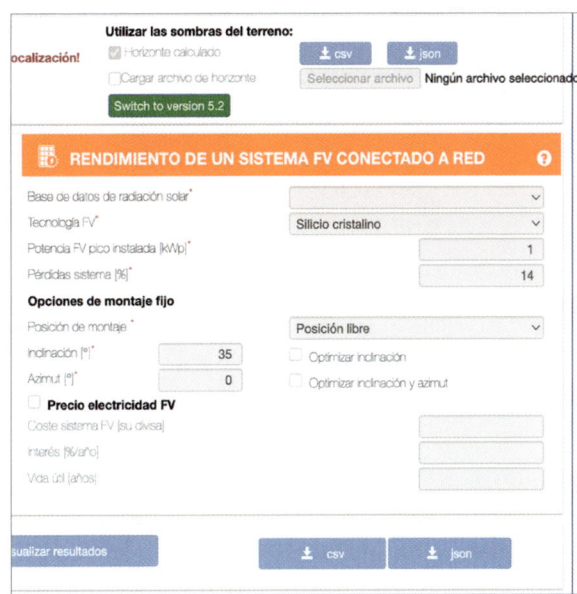

Uso de PVGIS para estimar la producción.

En cuanto a la inclinación del panel, lamentablemente no podrán optimizar nada, ya que el panel se colocará plano sobre el techo del vehículo.

Entran en el PVGIS para realizar su simulación e introducen los siguientes parámetros en la categoría « conectado a la red » :

- Localidad: Marsella.

- Potencia máxima instalada: 1 kWp

- Pérdidas del sistema: 14% (valor por defecto, que se puede cambiar si conoces las pérdidas reales de tu equipo: regulador, cables, inversor, suciedad del panel, etc.).

- Inclinación: 0°

- Azimut: 0°.

Obtienen así una estimación de producción de 1330 kWh/año para

Resumen

Datos proporcionados:	
Localización [Lat/Lon]:	39.646,-5.319
Horizonte:	Calculado
Base de datos:	PVGIS-SARAH3
Tecnología FV:	Silicio cristalino
FV instalada [kWp]:	1
Pérdidas sistema [%]:	14

Resultados de la simulación:	
Ángulo de inclinación [°]:	35
Ángulo de azimut [°]:	0
Producción anual FV [kWh]:	1593.93
Irradiación anual [kWh/m²]:	2049.67
Variación interanual [kWh]:	51.63
Cambios en la producción debido a:	
Ángulo de incidencia [%]:	-2.65
Efectos espectrales [%]:	0.6
Temperatura y baja irradiancia [%]:	-7.67
Pérdidas totales [%]:	-22.23

Producción de energía mensual del sistema FV fijo

Perfil del horizonte

Resultados obtenidos de PVGIS.

una potencia instalada de 1 kWp, es decir, una productividad de 1330 kWh/kWp/año, con la curva anual que vemos aquí arriba.

El mes de diciembre es el menos productivo con 39 kWh/kWp/mes, y dividiendo por 31 obtienen el valor de producción diaria que es de alrededor de 1,26 kWh/kWp/día osea, 1,26 Wh/Wp/día.

Dado que sus necesidades diarias de producción y almacenamiento son de 700 Wh, quieren determinar cuántos paneles solares se necesitarán para producir esa cantidad de energía en diciembre. Este dato lo obtienen dividiendo 700 Wh por la producción diaria (1,26 Wh/Wp/día), lo que les da aproximadamente 555 Wp de paneles fotovoltaicos a instalar. Teniendo en cuenta que su consumo será estable a lo largo del año, tendrán una curva de producción/consumo (excluyendo frigorífico) con el siguiente perfil:

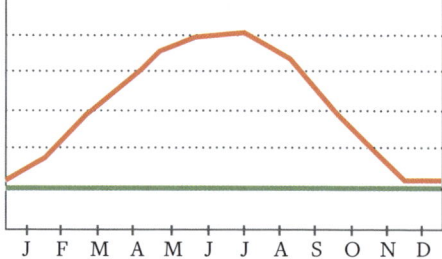

Esto les permite producir lo suficiente durante todo el año y también encender el frigorífico continuamente de marzo a octubre, la curva de consumo sería la siguiente:

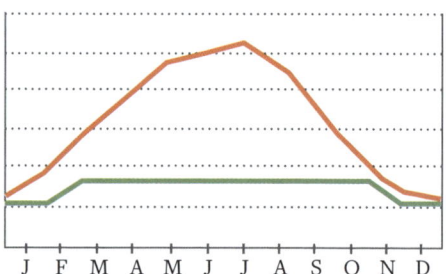

Como su vehículo es bastante grande, podrían elegir esta opción decidiendo, por ejemplo, colocar dos paneles de 280 Wp. Pero como muestra la curva de producción, al elegir la insolación invernal como referencia (dimensionado al « caso más desfavorable ») conlleva una importante sobreproducción de su instalación para el resto del año...

Pero les gustaría hacer un cálculo más ajustado, así que deciden hacer la comparación con un enfoque de medias: la producción anual de 1330 kWh/kWp/año frente a la demanda de 255 kWh/año, lo que significa que, en promedio, con 190 Wp instalados serían suficientes. Esto les daría una producción adecuada de marzo a septiembre y podrían tener el frigorífico encendido permanentemente en junio y julio, tal como vemos aquí:

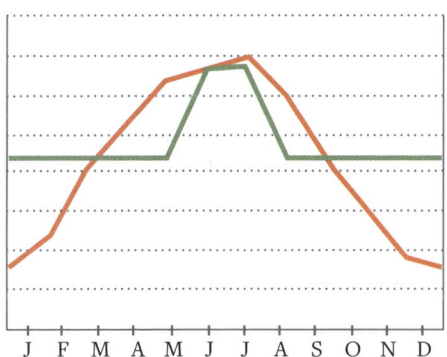

Finalmente se deciden por una solución de compromiso entre esas dos estimaciones, instalando un panel de 380 Wp. Esta solución les permitirá disponer de electricidad suficiente para todas sus necesidades de febrero a octubre en el sur de Marsella, y encender su frigorífico continuamente de marzo a septiembre.

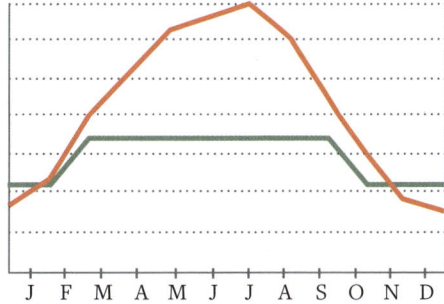

Saben perfectamente que en Europa es muy difícil ser 100% autónomo en invierno con la energía solar, así que se plantean:
- Bien reducir su consumo entre noviembre y enero.
- Bien instalar un soporte inclinable para los paneles, que les permitiría ganar hasta un 50 % más de producción en los meses de invierno.

Para optimizar la producción de sus paneles solares tendrán que:
- Evitar aparcar a la sombra de los árboles.
- Limpiar periódicamente los paneles. Pues al estar instalados sin inclinación, tenderán a cubrirse de suciedad más rápidamente.

——— Consumo (en kWh)

——— Producción PV (en kWh)

101

Por último, para contar con un segundo sistema de producción, especialmente de cara al invierno, pueden elegir instalar:

- Un acoplador separador (específico para batería de litio) entre la batería de su vehículo y su batería auxiliar.
- Una entrada de 230 V y un cargador de baterías, para conectarse a la red cuando sea posible (camping, anfitriones, etc.).

Listado del equipamiento

Su instalación funciona a 12 V, así que bastará con un regulador de batería (para batería de litio). Por las características de su panel: 380 Wp, Voc = 42 V, Isc = 11 A, localizan varios modelos de reguladores MPPT que se le adaptan.

Esta es la lista del equipamiento necesario:

Equipo	Unidades	Precio *
Panel solar 380 Wp	1	80 €
Batería de litio 90 Ah	1	800 €
Regulador solar 12 V	1	100 €
Anclajes panel a techo y pasa-techo	1	100 €
Cables, abrazaderas, terminales, fusibles, enchufes de 12 V, otros...	/	170 €
TOTAL		1 250 €

*Los precios son aproximados y permiten hacerse una idea de los costes en el marco de este ejemplo.

LA INSTALACIÓN DE 300 WC DE DANA Y STÉPHANE

Dana y Stéphane son dos enamorados de los espacios abiertos que un día sintieron la necesidad de vivir de otra manera. De espíritu aventurero, encontraron en la vida en furgoneta un modo de vida más responsable y cercano a la naturaleza, que les ha llevado de Alaska a Costa Rica. Adoptaron este modo de vida en 2016 y han recogido su experiencia en un libro[22].

Este no es su primer intento « Vicky », su Iveco Daily 4 x 4 de 1996, es su tercera casa sobre ruedas. Viviendo en una furgoneta la búsqueda de la autonomía es permanente, igual da si se trata del agua como de la electricidad: hay que aprender a economizar, a apañárselas con poco, y adaptarse a las estaciones y el clima. Tras 5 años de vida autónoma conocen muy bien sus necesidades energéticas.

Su instalación solar está diseñada a 12 V, aunque tienen un pequeño inversor para usar los 230 V siempre que lo deseen.

Consumo

Sus necesidades diarias son de 648 Wh, lo que a 12 V implica una capacidad de 54 Ah. Estas necesidades se reparten entre un ordenador, dos teléfonos móviles, cuatro bombillas LED y una nevera compresor de 50 litros.

Los paneles de Dana y Stéphane van anclados sobre el techo. A pesar de esta inclinación tan poco óptima, les bastan para vivir de forma independiente.

Generación y baterías

Disponen de:
- dos paneles 150 Wp cada uno,
- un regulador MPPT de 40 A,
- un inversor 12/230 V de 600 W,
- una batería gel de 130 Ah y una capacidad de descarga del 50 %, o sea, 65 Ah de almacenaje útil.

Presupuesto

El presupuesto total de la instalación es de 870 € distribuidos en:
- 320 € paneles,
- 150 € batería,
- 150 € inversor,
- 100 € regulador,
- 150 € cables, fusibles y otros.

Resultados de la experiencia

Tras varios años de uso totalmente independiente, Dana y Stéphane han descubierto muchos pequeños trucos que les permiten optimizar su consumo. El primero es comprar sistemáticamente cargadores de 12 V o USB para los dispositivos que utilizan. Esto les permite prescindir del inversor cuya eficiencia es bastante mediocre. También han optado por un acoplador-separador, que permite cargar la batería auxiliar desde el alternador cuando están en carretera.

Y han creado una muy buena herramienta de dimensionado eléctrico para furgonetas, que ofrecen gratuitamente en su web.

La minicasa de Aurélie y Paul tiene un panel en cada pendiente del tejado.

INSTALACIÓN AUTÓNOMA PARA UNA MINICASA

Tras unos años viviendo en una furgoneta, Marion y Nicolas han decidido asentarse durante un tiempo... Sobre todo porque ya no están solos, ¡ahora les acompaña un pequeño retoño!

La vida en una furgoneta les ha transmitido el gusto por una vida minimalista y abierta al exterior. Además, tampoco quieren renunciar a la libertad que ofrece la movilidad y, de todos modos, no han planeado invertir en un terreno y una casa. ¡La minicasa les parece la solución perfecta para los próximos años!

Así que aquí están, embarcados en un nuevo estudio para 3 personas en una minicasa.

Consumos

Nicolas y Marion quieren seguir usando solo 12 V, pero algunos equipos son difícilmente compatibles. Así que deciden instalar un inversor y algunas tomas de 230 V para los aparatos que los requieran.

Para la nevera, y gracias a su primera experiencia, han decidido incorporar en la minicasa un refrigerador natural que les dará servicio en invierno y reducirá sus necesidades eléctricas en verano.

Equipos	Potencia (W)	Tiempo de uso (h)	Energía consumida en CC (Wh)	Energía consumida en AC (Wh)
Iluminación LED (x6)	3 W x 6 = 18 W	considerando el consumo de invierno que es el más crítico. Día: 2 h Noche: 4 h Total 6 h/día	108 Wh	
Nevera de compresor (eléctrico)	40 W	24 h/día en verano 0 h/día en invierno	504 Wh(verano) 0 Wh (invierno)	
Ordenador portátil	50 W	2 h/día (1 carga completa)	100 Wh	
Teléfono móvil Marion	15 W	2 h/día (1 carga completa)	30 Wh	
Teléfono móvil Nicolas	10 W	2 h/día (1 carga completa)	20 Wh	
Altavoz Bluetooth	20 W	2 h/día (1 carga completa)	40 Wh	
Radio-despertador	2 W	24 h		48 Wh
Calentador de agua 80 l	1500 W	24 h		3600 Wh
Calienta-biberón	300 W	0,15 h		45 Wh
Cafetera eléctrica	900 W	0,08 h		72 Wh
Router internet	25 W	24 h		600 Wh
Vídeo-proyector	200 W	2 h		400 Wh
Robot de cocina	500 W	0,5 h		250 Wh
Lavadora	1500 W	1,5 h		2250 Wh
Impresora de inyección de tinta	100 W	0,15 h		15 Wh
TOTAL	4320 W		8072 Wh	

Más metros cuadrados y una familia que crece se traducen casi automáticamente en un aumento del consumo eléctrico.

Dado que los dos electrodomésticos que más consumen son el calentador de agua y la lavadora, es ahí donde se esconden las posibilidades de optimización más significativas.

En ambos casos tienen a su alcance varias soluciones:

- Para el calentador de agua, pueden instalar paneles solares térmicos, un calentador de agua de gas, o incluso una caldera de leña.
- Para la lavadora puede resultar un poco más complicado, pero existen muchas soluciones: lavadoras compartidas (o ir a la lavandería… ¡Ah, el regreso de la « lavandería » moderna y las conversaciones que la acompañan!), máquinas a pedales low-tech, lavadoras clásicas con entrada de agua caliente procedente de los paneles solares térmicos…

Considerando el impacto que esto tendrá en sus necesidades de almacenamiento y en el coste de su instalación, Nicolas y Marion deciden optar por un panel solar térmico para agua caliente. También están considerando utilizar una cafetera italiana en lugar de una eléctrica, calentar biberones al baño María y apagar el router por la noche. En cuanto al proyector para ver películas, solo lo utilizarán si el nivel de batería lo permite. Por último, para la lavadora quieren quedarse con un modelo clásico, asumiendo que en diciembre y enero seguramente tendrán que ir a la lavandería. Reducen así sus necesidades totales a 3211 Wh/día (3,21 kWh/día) en invierno y 3715 Wh/día (3,71 kWh) en verano, para una demanda de potencia máxima de 2480 W.

Almacenaje

Quieren disponer de un día completo de almacenaje, que son 3211 Wh.

Como quieren viajar de vez en cuando, e instalarse en terrenos sin acceso a la red eléctrica, se deciden por una solución de almacenaje en baterías. Y ahora que tienen menos limitaciones de espacio que antes, han decidido revender su batería de litio que aún sigue funcionando de maravilla, y equiparse con baterías OPzS. La tasa de descarga de estas es del 50 %, por lo que necesitarán 6422 Wh de almacenaje. Encuentran unas baterías OPzS de la capacidad que necesitan por unos 1100 euros.

Generación

Fieles a sus orígenes, Nicolas y Marion se han instalado en una zona muy soleada del sureste, y como se mueven por los alrededores de Marsella, han considerado la insolación de Marsella como su insolación de referencia.

Para poder montar sus módulos de forma sencilla, eligen un sistema casero de fijación al suelo con lastre que les permitirá moverlos fácilmente. En el programa PVGIS, simulan tres posibles inclinaciones, 20°, 40° y 60°.

Para tratar de optimizar la generación invernal, eligen una inclinación de 60° para la construcción de su soporte de madera.

Esto les proporciona un potencial de producción diaria de 3,23 kWh/kWp.

Como sus necesidades diarias se sitúan alrededor de los 3,21 kWh de consumo, necesitarán instalar cerca de 1 kW de paneles fotovoltaicos. Encuentran un modelo de ocasión de 250 Wp en muy buen estado y a 60 €, así que instalarán 4 paneles.

Listado del equipamiento

Su instalación funcionará a 12 V y 230 V, por lo que necesitarán:
- un regulador de batería
- un inversor solar, 12/230 V, para unas necesidades máximas de potencia de 248 W.

Las características de sus paneles son las siguientes: Voc 40 V, Isc 10 A. Instalando los 6 paneles en serie, obtendrían una tensión total de 240 V, pero su regulador de baterías solo acepta una tensión máxima de 150 V con una intensidad de 30 A. Así que montan dos líneas en paralelo de 3 paneles en serie cada una, que dan una tensión total de 120 V y una intensidad de corriente de 20 A.

Lista completa del material necesario:

Equipos	Unidades	Precio*
Panel solar fotovoltaico de 250 Wp (de segunda mano)	4	150 €
Baterías OPzS 2 V	6	1100 €
Inversor 230 V – 2500 W	1	700 €
Regulador solar	1	250 €
Cuadro de protección	1	300 €
Madera para la estructura de soporte de los paneles	/	150 €
Cables, terminales, empalmes, fusibles, piqueta de toma de tierra, enchufes, varios...	/	350 €
TOTAL		3000 €

*Los precios son aproximados y permiten hacerse una idea de los costes en el marco de este ejemplo.

LA MINICASA DE AURÉLIE Y PAUL

Paul y Aurélie se embarcaron en la aventura de la autoconstrucción de su minicasa hace unos 3 años. Tras un periodo de construcción de 9 meses se trasladaron a Oise, de donde pasaron a la región de Béarn para instalarse en la ecoaldea l'Arbre et la Pirogue.
Diseñaron su hábitat para ser autónomos tanto en electricidad como en agua, y lo han conseguido.

Consumos

Su instalación está diseñada para un consumo diario de 600 Wh y 4 días de autonomía.
Sus necesidades se reparten entre un frigorífico, una bomba de 12V, 2 ordenadores, 2 teléfonos, lamparas LED, un aspirador y algunos pequeños electrodomésticos de cocina de uso ocasional (licuadora, exprimidor, batidora...)

Generación y almacenaje

Disponen de:
- dos paneles de 360 Wp
- un regulador MPPT de 45 A
- un inversor 12/230 V de 1600 W
- 4 baterías gel de 100 Ah y 12 V, con una capacidad máxima de descarga del 25 % , lo que proporciona un almacenaje efectivo de 100 Ah.

Presupuesto

El presupuesto total de la instalación es de 3600 € IVA incluido repartidos como sigue:

- 960 € paneles
- 870 € batería
- 900 € inversor
- 480 € regulador
- 240 € controlador y protección de batería
- 150 € cables, fusibles, y otros.

Resultados de la experiencia

Tras más de 2 años de autonomía, Aurélie y Paul están muy satisfechos con su instalación, que les procura electricidad durante todo el año. La disposición de un panel en cada pendiente del tejado, orientado Este-Oeste, les asegura una producción eléctrica solar desde las primeras horas del día y hasta mucho más tarde que si los hubieran situado en una sola pendiente orientada al sur.
En caso de necesidad cuentan con una toma externa que les permite conectarse y recargar las baterías de su minicasa.

LA MINICASA DEL LOW-TECH LAB

Terminamos este capítulo de las minicasas citando el notable ejemplo de Clément y Pierre-Adrien del Low-tech Lab[23], quienes diseñaron su minicasa como una herramienta experimental y de investigación sobre la low-tech, logrando reducir sus necesidades eléctricas a 250 Wh/día en comparación con los 9000 Wh/día/persona de la media española según REE.

La instalación energética de Aurélie y Paul cabe en la pequeña habitación exterior de su minicasa.

La minicasa de Clément y Pierre-Adrien. A la izquierda la calefacción solar, en el centro, el captador de aire caliente y delante los paneles fotovoltaicos.

INSTALACIÓN FOTOVOLTAICA PARA UNA CASA FAMILIAR

Los años han pasado, Nicolas y Marion decidieron comprar una antigua granja abandonada en un pequeño pueblo de la Provenza. Marion se ha hecho panadera y quiere redinamizar esta pequeña villa en declive planteando un proyecto comunitario para restaurar el horno comunal. Esto le permitirá vender en la plaza cada miércoles su pan de masa madre y hierbas aromáticas de su huerta. Nicolas, por su parte, se ha enamorado de la huerta y la ganadería. Juntos transforman la producción estival del huerto en conservas para el invierno... Nunca están de brazos cruzados porque ahora hay dos bocas más que alimentar.

Sus tres hijos son unos enamorados de la pastelería y el mayor elabora sus propias tartas caseras. Ya tienen ocho gallinas que les proveen con que disfrutar durante todo el año.

En cuanto a la electricidad, la familia y la casa han crecido, por lo que deben revisar su sistema de producción. No tienen urgencia porque están conectados a la red de distribución, pero les gustaría volver a sentir la satisfacción que les proporcionaba producir su propia electricidad. También ven un gran beneficio educativo en explicar a los niños de dónde viene la electricidad y lo valiosa que es.

Consumo

Aquí tenéis su nueva tabla de consumos, que ahora estará exclusivamente en 230 V.

Al estar conectados a la red, la autonomía energética de su hogar ya no les parece necesaria y, en cualquier caso, imposible de conseguir solo con energía solar. No obstante a ellos les sigue pareciendo una ventaja que les permitirá desarrollar su capacidad de resiliencia y reducir su consumo total de energía.

Así pues, optan por permanecer conectados a la red y no invertir en baterías nuevas. De todos modos volverán a instalar las que tenían en la minicasa e irán recuperando baterías usadas para aumentar gradualmente su capacidad a lo largo de los años.

Finalmente, completarán su instalación solar con un pequeño aerogenerador doméstico lo antes posible. Ya han visto modelos de segunda mano en su región. A menos que decidan construirlo ellos mismos.[24]

Así pues, han decidido ir avanzando en la búsqueda de una autonomía parcial, progresiva y low-tech.

Equipos	Potencia (W)	Tiempo de uso (h)	Energía consumida en AC (Wh)
Iluminación LED (x30)	5x30 = 150 W	Consideran las necesidades invernales que son las más limitantes. Mañana: 2 h Noche: 4 h Total 6 h/día	900 Wh
Refrigerador A+	200 W	24 h/día	250 kWh/año es decir 684 Wh/día*
Congelador A++	300 W	24 h/día	184 kWh/año es decir 504 Wh/día*
Ordenador portátil	50 W	2 h/día (o sea, 1 carga)	100 Wh
Ordenador fijo	75 W	4 h/día	300 Wh
Teléfono móvil Marion	15 W	2 h/día (o sea, 1 carga)	30 Wh
Teléfono móvil Nicolas	20 W	2 h/día (o sea, 1 carga)	40 Wh
Maquinilla de afeitar Nicolas	20 W	0,25 h/día	5 Wh
Radio-despertador	2 W	24 h	48 Wh
Router internet	25 W	12 h	300 Wh
Cadena de música	70 W	2 h	140 Wh
Vídeo-proyector	200 W	2 h	400 Wh
Robot de cocina	500 W	0,5 h	250 Wh
Lavadora	1500 W	1,5 h	2250 Wh
Lavavajillas	1200 W	1 h	1200 Wh
Campana extractora	70 W	0,7 h	49 Wh
Aspiradora	500 W	0,5 h	250 Wh
Sierra circular	1500 W	0,2 h	300 Wh
Taladro percutor	300 W	0,1 h	30 Wh
Cercado eléctrico	5 W	24 h	120 Wh
TOTAL	**6 702 W**		**7 900 Wh**

* Como se explicó en el Capítulo 5, los refrigeradores no tienen un consumo constante en el tiempo. Por tanto, el fabricante indica la potencia máxima así como el consumo de energía.

Producción y suministro

El pequeño pueblo provenzal de Saint-Malo que les acoge tiene un gran potencial de producción, 1415 kWh/kWp/año en orientación Sur y con una inclinación de 45°. Deciden diseñar un cobertizo para las herramientas y aperos de la granja sobre el que instalarán los paneles solares en una pendiente de 45°.

Siguiendo el mismo procedimiento que en los ejemplos anteriores, estiman sus necesidades en paneles solares en 5600 W.

Tendrán que revender su inversor pensado para instalaciones aisladas (no conectadas a la red) por un inversor híbrido (red-baterías).

El presupuesto previsto es de unos 4000 euros para la compra de nuevos equipos, pero esperan reducirlo a la mitad comprando paneles e inversores de 2ª mano.

La realidad...

LA INSTALACIÓN DE LA FAMILIA RICHART

Esta instalación diseñada por mis amigos Bénédicte y Rémi es una de mis favoritas, porque se diseñó para que la casa fuese completamente autónoma utilizando un mínimo de equipos nuevos.

Han renovado completamente esta antigua granja por sí mismos, manteniendo la conexión a la red de distribución eléctrica francesa. Rémi instaló 6 kW de paneles solares y una turbina eólica vertical para el suministro eléctrico, paneles solares térmicos para tener agua caliente siempre que sea posible, complementados con una caldera de leña que también calienta la casa. Esta multiplicidad de fuentes de energía garantiza una verdadera optimización del uso de cada una de ellas y ofrece resiliencia al sistema en su conjunto (si la caldera de leña se avería, todavía es posible calentar con electricidad...).

Es un enfoque consciente y de baja tecnología, asociado con todo un arte de vivir « ecoresiliente »

La familia Richart, sus paneles solares fotovoltaicos, sus paneles solares térmicos y su aerogenerador.

y usos de una casa clásica. Disponen de una importante producción solar y eólica, que se sobredimensionó a propósito para poder compartir con sus vecinos en caso de corte de suministro.

Generación y almacenaje

Cuentan con:
- una cincuentena de paneles de diferentes potencias, que suman un total de cerca de 6500Wp instalados
- 1 inversor híbrido de 5000 W
- 19 kWh de almacenaje en baterías Níquel-Fer.

Presupuesto

El presupuesto total de la instalación es de cerca de 15000 € de los que 8000 € son para las baterías. El resto de los equipos se han comprado de segunda mano.

Resultados de la experiencia

La familia es una enamorada del frigorífico natural, lo que les permite ahorrarse la electricidad de la nevera clásica hasta 6 meses al año.

También utilizan motosierras eléctricas y cortan la leña en verano, cuando hay mucha energía.

Por último, tan pronto como el clima lo permite, utilizan su horno y cocina solar auto-construidos.

descrito en el libro de Rémi *La maison résiliente* de *éditions de Terran*.

Hay que resaltar que Bénédicte y Rémi optaron por instalar baterías para complementar su red. Se utilizan muy poco al cabo del día, por lo que conservan su eficacia para cuando son necesarias.

Consumo

Sus necesidades de consumo diario están en unos 8000 Wh y se pueden reducir a 2500 Wh si se vieran obligados a funcionar desconectados de la red eléctrica nacional. Se reparten entre los equipamientos

Rémi y su hijo acaban de terminar la instalación hidráulica que conecta la bomba con el río y los depósitos.

OTROS EJEMPLOS DE INSTALACIONES SOLARES

LA REALIDAD...
BOMBEO SOLAR, UN TRABAJO EN FAMILIA

Como la familia Richart tenía más de un as bajo la manga, se propusieron instalar un bombeo solar. El objetivo era lograr la autonomía energética de los cultivos hortícolas que hay alrededor de la granja Bec Hellouin.

El patrón de consumo de la horticultura comporta otras limitaciones adicionales, especialmente por los puntos de grandes consumos, como la bomba de riego, y también por los puntos de consumo relativamente dispersos, que complican la posibilidad de tener un único sistema de producción solar para toda la granja.

Así que ya desde un principio se pensó en hacer varias instalaciones pequeñas, independientes y autónomas, adaptadas a las necesidades de cada zona de la granja. Una de ellas es una bomba solar que proporciona el riego a las hortalizas del invernadero.

Este es un muy buen ejemplo de una instalación « al ritmo del Sol » y en un uso que se adapta perfectamente a ello.

El techo de madera tiene aberturas para empotrar los paneles. Esto permite acceder a la parte trasera de los mismos sin tener que desmontarlos.

La familia al completo con la instalación ya terminada. La bomba funciona incluso cuando el tiempo está nublado y sombrío ¡es una magnífica herramienta para el huerto!

Las tejas o pizarras fotovoltaicas instaladas en este garaje proporcionan una perfecta integración paisajística.

EL CHALET CON TEJAS SUNSTYLE

No hemos hablado del aspecto arquitectónico y de integración de las obras en este libro, pero hay quienes no quieren lanzarse a la fotovoltaica por motivos estéticos. Por eso me pareció importante presentar aquí esta magnífica instalación solar con tejas fotovoltaicas. (SunStyle), que producen energía y cumplen la función de revestimiento e impermeabilización en lugar de las tradicionales tejas o pizarras. ¡Y además, estas tejas están fabricadas en Europa!

PIKIP SOLAR SPEAKERS

Mis amigos Mattea y Julien diseñaron este sistema de sonido para festivales que funciona únicamente con energía solar. El éxito de sus conciertos solares se debe principalmente a su enfoque de diseño, que sigue los principios presentados en este libro. Lo primero en lo que pensaron fue diseñar los altavoces para que tuvieran un consumo de energía mínimo.

Inspirándose en los antiguos altavoces, capaces de generar un sonido de alta calidad con poca energía, lograron diseñar un sistema que podía sonorizar un evento de 300 personas con solo 50W de consumo máximo.

Con un consumo de tan solo 50 W, la instalación móvil Pikip puede sonorizar un evento para 300 personas.

Es un sistema fácilmente transportable y se puede remolcar con una bicicleta.

Conclusiones

Una sociedad convivencial es aquella en la que las herramientas modernas están al servicio de la persona integrada en la comunidad, y no al servicio de un cuerpo de especialistas. Convivencial es la sociedad donde el hombre controla la herramienta.

Ivan Illich – *La convivencialidad*, 1973

PARA IR MÁS LEJOS

Este libro es una introducción al tema fotovoltaico y está lejos de ser exhaustivo. Es muy probable que al construir vuestra instalación os encontréis con problemas que no han sido tratados en este libro.

Para aquellos que queráis ir más allá y no le tengáis miedo a la técnica, os recomiendo el trabajo de Mark Hankins, *Stand-alone solar electric systems* editorial Routledge.

Como os habréis dado cuenta, más allá de la tecnología se trata de todo un modo de vida (¿arte de vivir?) al que ahora podemos acceder y reapropiarnos de los medios de producción eléctrica.

Es una oportunidad fabulosa la que se abre ante nosotros, y sería una pena dejar las energías renovables exclusivamente en manos de las compañías eléctricas.

DIVERSIDAD

Será difícil conseguir una autonomía total solo con la energía solar: los inviernos, en nuestras latitudes, no suelen ser muy soleados en comparación con nuestras necesidades mínimas.

Como ocurre en la Naturaleza o en un huerto, es importante pensar en asociación y diversificación. En lugar de esforzarse en diseñar un único sistema fotovoltaico, puede ser interesante pensar en asociaciones energéticas que permitan diversificar la producción: solar térmica, minieólica, minihidráulica si estáis cerca de un río...

El viento y el sol en particular, se complementan maravillosamente: cuando el cielo oscurece, no es raro que sople viento, y cuando, en invierno, los días son cortos y poco soleados, el viento sopla lo suficiente para compensar esa carencia.

TOMAOS VUESTRO TIEMPO

Pasar de un sistema donde compramos un producto terminado (ya sean electrones, tomates o una casa) a funcionar fabricando nuestro propio producto, implica necesariamente pasar « del corto plazo » al « largo plazo ».

En el primer caso, gastamos nuestro dinero e instantáneamente recibimos a cambio un tomate o la casa de nuestros sueños (que luego pagaremos durante varias décadas). En el segundo, debemos crear y desarrollar poco a poco nuestro huerto, construir nuestra casa paso a paso, lo que lleva años, incluso décadas... El proceso de autoconstrucción conlleva necesariamente una gran cantidad de aprendizajes, errores, intercambios y experiencias.

Así que tomaos vuestro tiempo para diseñar la instalación y luego adquirir la experiencia de uso. Tomaos el tiempo para pensar, experimentar, aceptar los errores, compartir con quienes os rodean y después para hacerla evolucionar a lo largo de los años, conforme vayáis aprendiendo y vuestras necesidades cambien.

Es poco probable que vuestra instalación se adapte perfectamente a vuestras necesidades desde el primer año, y eso es bueno porque deja margen para la reflexión y la creatividad.

También puede ser buena idea empezar con la instalación más sencilla posible, un bombeo solar por ejemplo, para familiarizarse con el uso de la energía fotovoltaica. Y después pensar en vuestra instalación doméstica mientras ya disfrutáis de este primer logro.

COMPARTIR

Tan pronto como completéis vuestra primera instalación, veréis florecer las solicitudes de consejo y ayuda de familiares y conocidos. La autonomía energética es un tema candente y cada vez hay más personas deseosas de disfrutarla. Será el momento de disfrutar ayudando a vuestros amigos en el diseño de sus proyectos, de tranquilizarles sobre las dificultades de la tarea y echarles una mano en sus proyectos. Así seguiréis adquiriendo experiencia para vuestras futuras instalaciones, pero sobre todo, es más que probable que acabéis pasando muy buenos ratos.

SOBRIEDAD

Pensad primero en el consumo antes de mirar la producción, recordad que por el momento, la famosa « transición energética » tan elogiada no es más que una « acumulación de energías » donde las energías renovables permiten proporcionar más electricidad para nuestras necesidades cada vez mayores. Estamos más que nunca en la « era del carbón » y el consumo a escala global nunca ha sido tan alto y subiendo de año en año.

El decrecimiento energético no es una idea descabellada, simplemente traduce la realidad física de los límites del planeta: debemos aprender a consumir menos energía intentando mantener un buen nivel de confort, algo completamente factible si caminamos hacia la sobriedad.

Para limitar nuestro consumo de bienes manufacturados, no debemos olvidar el mercado de segunda mano, cada vez más desarrollado en lo referente a la energía solar. Y si te pica el gusanillo del bricolaje y de las bajas tecnologías (low-tech), el campo de estudio y experimentación es enorme: de las baterías litio recuperadas, a un sistema de orientación automática de los paneles a partir de una rueda de bicicleta, pasando por un horno solar hecho a mano… Las posibilidades son casi infinitas.

PLACER

Disfrutad el placer de apropiaros de una herramienta, de un conocimiento, de una producción que os será útil a lo largo de toda la vida, de sentiros más autónomos y más capaces de resistir lo inesperado.

El placer de compartir conocimientos, de echar una mano, de compartir consejos…

La satisfacción de reducir tu huella en el planeta y saber explicar a los niños qué estás haciendo y por qué.

Y para terminar, la sensación de sentirse un poco más libre, en el sentido de « libertad como capacidad práctica para organizar la propia vida y, en particular, para atender directa y colectivamente a las propias necesidades básicas »[25].

En resumen, ¡ estos proyectos os aportarán mucha más energía de la que se podría imaginar !

NOTAS

1. Fuente: Ree.es.

2. Muchos estudios sobre el fin de los combustibles fósiles, y muchos menos sobre los recursos nucleares (al menos de dominio público). Podemos citar el reciente informe del Shift Project *Approvisionnement pétrolier futur de l'union européenne: état des réserves et perspectives de production des principaux pays fournisseurs*, mayo de 2021.

3. E. F. Schumacher, *Lo pequeño es hermoso*.

4. B. Nicoloso, ediciones ECLM.

5. Fuente: Eurostat.

6. https://www.ademe.fr/sites/default/files/assets/documents/infographie-economiser-eau-energie-2019.pdf

7. *Balance eléctrico 2020*. RTE. pág. 14.

8. *Id.* B. Nicoloso.

9. IEA, *World total energy supply by source*, 1971-2018, IEA, Paris https://www.iea.org/data-and-statistics/charts/world-total-energy-supply-by-source-1971-2018.

10. Si te gusta la parte pedagógica, también hay un juego cooperativo y educativo, « Re-Volt », que conciencia a jóvenes y mayores sobre el consumo eléctrico (Clément Chabot, Low-tech Lab, y libre acceso en http://la-revolt.org/).

11. Según el gestor de red REE el consumo medio de un hogar en España se encuentra alrededor de unos 9 KWh/dia. Puede variar desde unos pocos kWh/día para un hogar austero hasta más de 50 kWh/día en uso intensivo de electricidad.

12. *Cf.* de la colección « Résiliences »: C. Hervé-Gruyer, *Faire son bois de chauffage sans pétrole*.

13. P. Bihouix, *L'Âge des low tech*.

14. *Réduire sa facture d'électricité*, ADEME, Junio de 2019.

15. *Id.* ADEME.

16. https://energieetenvironnement.com/2021/08/19/deficit-de-roductionen-vue-pour-le-cobalt-et-le-nickel/

17. El ejemplo del cobre, que es relativamente abundante e indispensable para la producción y la transmisión de la energía. La Agencia Internacional de la Energía señalaba en mayo de 2021 « Las minas actualmente en funcionamiento se acercan a su pico de producción por el descenso en la calidad del mineral y el agotamiento de las reservas ». pág. 133 - *The Role of Critical Minerals in Clean Energy Transitions* - IEA - mayo 2021. https://energieetenvironnement.com/2021/08/19/deficit-de-production-en-vue-pour-le-cobalt-et-le-nickel/

18. UNEP « Recycling Rates of Metals », 2011.

19. https://energieetenvironnement.com/2018/07/08/les-limites-pratiques-du-recyclage-des-batteries-au-lithium/

20. M. Toll, 2017.

21. « Batterie lithium artisanale », revista *Yggdrasil* n° 4, 20 marzo de 2020, pág. 96.

22. *Vanlife et vie nomade – Vivre, voyager, travailler... sur les routes* de ediciones Eyrolles y en su blog « Le Monde de Tikal ».

23. *Low-tech, Repenser nos technologies pour un monde durable*, ediciones Rustica.

24. Ver por ejemplo *Ingenios eólicos* de JM Jimenez y *Energía Renovable Práctica* de I. y S. Urkia Lus, Ed. Pamiela.

25. M. Amiech, Revista *La Décroissance*, Julio/agosto 2020.

ALGUNOS FABRICANTES Y PROVEEDORES DE ÚTILES Y MATERIAL PARA LA FOTOVOLTAICA

- Autosolar
- WattUNeed
- La Casa Solar
- Rebacas
- Second Life Battery

ASOCIACIONES Y DIRECCIONES DE INTERÉS

- Asociación TIA - Taller Investigación Alternativa (Navarra): dedicada a la difusión de las energías renovables y otras tecnologías sensatas. ingeniosolar@gmail.com
- El Mandala (Asturias) : ofrece cursos y formaciones sobre la instalación de paneles fotovoltaicos, la electricidad básica y las bajas tecnologías. www.elmandala.es
- LowTech Magazine (Barcelona): mucho contenido muy interesante sobre las bajas tecnologías.
- UNEF - Unión Española Fotovoltaica: recursos, documentación, mejores prácticas, normativa por CCAA... www.unef.es
- IDAE - Instituto para la Diversificación y Ahorro de la Energía: ayudas y incentivos, www.idae.es
- El reglamento técnico REBT detallado por capítulo y comentado: www.plcmadrid.es
- Cadenas de youtube de los vendedores, con buenos tutoriales, como las de Autosolar y Second Life Battery, por ejemplo.

A mi madre, por su excepcional coraje
A mi padre, por su energía y su alegría de vivir
A mi hermano, mi ejemplo de humanidad

AGRADECIMIENTOS

Gracias a Charles por su confianza.

A Alexis, Rémi y Francis (y al equipo Tech3F)
por acogerme y por su generosidad al compartir conmigo su oficio.

Gracias a Jean Ballandras, Laurent Lepetit, Marie L. y Fanny
por sus valiosas relecturas.

Gracias a Steve, Éric, Patrice y todo el equipo de Akuo
por esa energía tan solidaria, ¡que me acompaña y acompañará siempre!

A todas y todos quienes que me han ayudado de cerca o en la distancia
en esta primera experiencia,
en particular a la familia Richart en su conjunto sin quienes este libro no
tendría el mismo sabor. Y a aquellas y aquellos
que nos han abierto sus puertas con tanta calidez
para mostrarnos que otro modo de vida es posible.

Gracias a Sonia por su confianza incondicional
y por su apoyo a cada instante.